21世纪经济管理新形态教材·大数据与信息管理系列

数据可视化

主　编◎吴花平　陈　继

副主编◎朱谱熠　刘金卓　李圆蕊

参　编◎张　雷　吴祖松　张　帆

徐加波　罗章涛

清华大学出版社

北　京

内 容 简 介

本书对 Tableau、连接数据源、数据可视化分析的基础操作和高级操作做了详细介绍，旨在帮助不具备编程或脚本语言技能的初学者轻松地跨多个数据表分析复杂的业务问题。此外，本书以上市公司为例，通过 Python 与 Tableau 的深度融合对上市公司进行分析，有利于读者提高实战能力，具备系统的数据分析思维。

本书内容全面，提供多样化数据模型，注重细节和基础，案例从易到难、由浅入深、循序渐进。

本书可作为高等院校电子商务类专业本科生、工商管理类本科生和研究生的教学用书，也可作为电子商务企业的岗位培训和财会类岗位自学用书。

图书在版编目（CIP）数据

数据可视化 / 吴花平，陈继主编 . —北京：清华大学出版社，2023.1
21 世纪经济管理新形态教材 . 大数据与信息管理系列
ISBN 978-7-302-62357-1

Ⅰ . ①数…　Ⅱ . ①吴… ②陈…　Ⅲ . ①可视化软件—数据处理—高等学校—教材
Ⅳ . ① TP317.3

中国国家版本馆 CIP 数据核字（2023）第 012943 号

责任编辑：徐永杰
封面设计：汉风唐韵
责任校对：王荣静
责任印制：朱雨萌

出版发行：清华大学出版社
网　　址：http：//www.tup.com.cn，http：//www.wqbook.com
地　　址：北京清华大学学研大厦 A 座　　**邮　　编**：100084
社 总 机：010-83470000　　**邮　　购**：010-62786544
投稿与读者服务：010-62776969，c-service@tup.tsinghua.edu.cn
质量反馈：010-62772015，zhiliang@tup.tsinghua.edu.cn
印 装 者：小森印刷霸州有限公司
经　　销：全国新华书店
开　　本：185mm × 260mm　　**印　张**：11.5　　**字　数**：192 千字
版　　次：2023 年 1 月第 1 版　　**印　次**：2023 年 1 月第 1 次印刷
定　　价：46.00元

产品编号：094500−01

前 言

习近平总书记指出："数字技术正以新理念、新业态、新模式全面融入人类经济、政治、文化、社会、生态文明建设各领域和全过程，给人类生产生活带来广泛而深刻的影响。当前，世界百年变局和世纪疫情交织叠加，国际社会迫切需要携起手来，顺应信息化、数字化、网络化、智能化发展趋势，抓住机遇，应对挑战。"数据是数字经济时代最关键的基础性要素，中国信息通信研究院 2020 年发布的《大数据白皮书（2020 年）》提到：国际权威机构 Statista 的统计与预测认为 2035 年全球数据产生量预计达到 2142ZB，全球数据量即将迎来更大规模的爆发。此时，人们需要从海量的数据中捕获有用的信息，而数据可视化正是信息时代人们对逻辑思维形象化需求的产物，是数据处理工作中的一个重要方面。

本书以 Tableau Desktop 为主要工具，介绍 Tableau 在数据分析与可视化方面的主要应用：提供全新的数据模型、简化复杂的数据分析，使用户可以更轻松地跨多个数据表分析复杂的业务问题。这些功能可大大提升企业的数据处理能力和分析能力。本书主要包括十二个章节（建议 46~60 学时），其中综合应用篇（建议 16 学时）建议采用实训教学。各章内容具体如下：

第一章介绍数据可视化及 Tableau 概述、常用的数据可视化软件、大数据时代的挑战、大数据可视化的难点、可视化技术的新特性等，对整体数据可视化分析进行初步介绍。建议安排 1 学时。

第二章介绍 Tableau 的新增功能、数据类型、运算符及优先级、软件安装、软件界面等，帮助读者了解 Tableau 基本操作。建议安排 1 学时。

第三章介绍 Tableau 连接文件和关系型数据库，包括 Microsoft Excel、文本文件、JSON 文件、Microsoft Access、PDF 文件等。建议安排 2~4 学时。

第四章详细介绍 Tableau 的基础操作，包括工作区、维度和度量及其转换、连续和离散及其转换、数据及视图的导出等。建议安排 2~4 学时。

第五章介绍使用 Tableau 生成可视化视图的方法，包括简单视图和复杂视图。建议安排 4 学时。

第六章介绍创建仪表板的基本要求、仪表板及其创建、使用 Tableau 创建故事和共享可视化视图的步骤等。建议安排 4 学时。

第七章介绍数据高级操作，包括创建和管理关系、数据排序等。建议安排 2~4 学时。

第八章介绍 Tableau 的常用高级操作——数据分析表达式，包括使用函数、进行表计算等。建议安排 2~4 学时。

第九章介绍数据可视化中的数据处理，包括数据的基本概念、数据来源、数据清洗、数据加工、数据抽样等。建议安排 2~4 学时。

第十章介绍 Tableau 中统计分析的可视化，包括相关分析、回归分析、聚类分析、时间序列分析以及地理数据的可视化。建议安排 8~10 学时。

第十一章介绍 Hadoop 分布式文件系统，Tableau 连接 Cloudera Hadoop、MapR Hadoop Hive 的基本条件和主要步骤以及优化连接性能等。建议安排 2~4 学时。

第十二章为综合应用篇，以工商管理类完整的数据分析为案例，并将 Python 与 Tableau 的完美结合成果进行具体化展示。建议安排 16 学时。

本书第一至四章、第七至十一章由重庆理工大学吴花平教授、硕士研究生汤乐雯和宋飞编写，第五、六章由云南师范大学李圆蕊老师编写，第十二章由云南大学刘金卓副教授和重庆理工大学朱谱熠副教授编写。本书的整体架构和软件技术支持由重庆瀚海睿智大数据科技股份有限公司总裁陈继工程师提供。张雷、吴祖松、张帆、徐加波、罗章涛参与全书的审校工作。

本书的出版得到了重庆理工大学研究生院的大力支持，并得到了重庆瀚海睿智大数据科技股份有限公司提供的软件技术支持，同时，各位专家学者和编辑也提出了许多宝贵的意见，在此一并表示衷心感谢！同时也向对本书的出版给予过关心和支持的所有人致以衷心的感谢！

最后，竭诚希望广大读者对本书提出宝贵意见，以促使我们不断改进。由于时间和编者水平有限，书中的疏漏和错误之处在所难免，敬请广大读者批评指正。

编者

2022 年 10 月

目　录

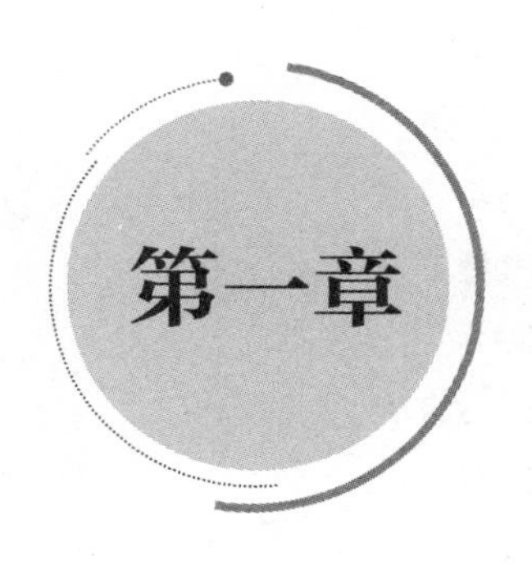

第一章 数据可视化及 Tableau

【学习目标】

1. 了解数据与数据可视化之间的联系与差别以及常用的数据可视化软件。

2. 掌握 Tableau 软件的操作界面。

【能力目标】

1. 了解数据与数据可视化之间的联系、差别以及常用的数据可视化软件，提高信息素养。

2. 掌握 Tableau 软件的操作界面，培养自学能力。

【思政目标】

1. 了解数据与数据可视化之间的联系与区别以及常用的数据可视化软件，培养学术辩证思维能力。

2. 掌握 Tableau 软件的操作界面，培养审美观。

【思维导图】

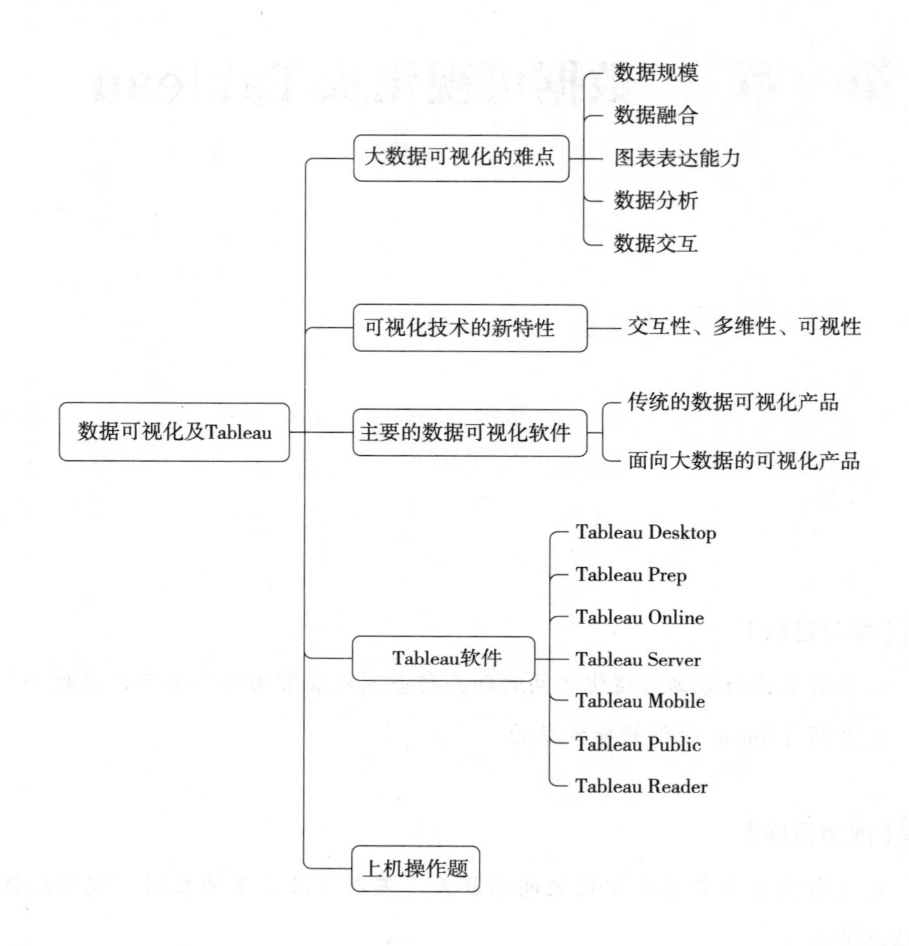

第一节　数据可视化

2016 年 9 月，中国在 G20 峰会上第一次给出了数字经济的官方定义：数字经济是指以使用数字化的知识和信息作为关键生产要素、以现代信息网络作为重要载体、以信息通信技术的有效使用作为效率提升和经济结构优化的重要推动力的一系列经济活动。大数据的核心不是“大”，也不是“数据”，而是蕴含在其中的商业价值。作为挖掘数据背后潜在价值的重要手段，商业智能和分析平台成为大数据部署中的关键环节。同时，获取价值的难点不在于数据分析应用的部署，而在于专业数据分析人才的缺失。

长久以来，企业的大量数据主要为 IT 部门所掌管，业务部门或者分析人员若需进行数据探索、分析或简单的报表操作，则要联动其他部门配合，这大大降低了工作效率。但数据恰恰在业务和分析人员手中才有价值产出，在此背景下，人们需要一种工具能帮助更多的人读懂数据，并释放其中的潜能。

一、大数据可视化的难点

现阶段，数据可视化在大数据场景应用中仍面临诸多难点，包括数据规模、数据融合、图表表达能力、数据分析与数据交互等。

1. 数据规模

大数据规模大、价值密度低，而屏幕空间所能显示的数据量有限，因此为了有效展示使用者所关注的数据及其特征，需要采用有效的数据压缩方法。目前已有的方法通常只是针对数据本身进行采样或聚合，多未考虑数据可视化的显示特性。近期一些学者提出了针对特定可视化场景的数据压缩方法，但是依然缺少通用的、面向可视化的数据压缩方法，也缺少实际应用的产品。

2. 数据融合

大数据的另一个表现是数据类型多样，常常分布于不同的数据库。融合不同来源及不同类型的数据、为使用者提供统一的可视化视角、支持可视化的关联探索与关系挖掘等都是重要的问题。这涉及数据关联的自动发现、多类型数据可视化、构建知识图谱等多个具体技术问题。

3. 图表表达能力

随着数据来源的增加，数据类型也不断增加，数据使用者对数据的交互需求越来越多，已有的数据可视化产品无法满足使用者的可视化需求，时常出现可视化形式的产品不支持或支持不够等问题。这就对系统的图表表达能力提出了更高的要求，同时使用者对系统支持的个性化定制提出了新的要求。

4. 数据分析

传统的 BI 工具主要聚焦于数据筛选、聚合及可视化等功能，其已经不能满足大数据分析的需求，所以盖特纳公司（Gartner）提出了“增强分析”的概念，其认为数据可视化只有结合丰富的大数据分析方法，将数据的探索式分析形成一个闭环，才能实现完整的大数据可视化产品，有效帮助使用者理解数据。预测性分析是大数据发展的趋势，数据可视化有效地结合预测方法将有助于使用者进行决策。

5. 数据交互

数据可视化的使用者需要通过可视化与图表背后的数据和处理逻辑进行交互，由此反映使用者的个性化需求，帮助其用一种交互迭代的方式理解数据。在传统的交互手段基础上，更加自然的交互方式将有助于使用者与数据更好地交互，也有助于拓展大数据可视化产品的使用范围与应用场景。

数据可视化技术与产品面临主要挑战的同时也面对新的机遇，如 Yu 等人提出的面向数据流式可视化的自然语言交互接口可以通过自然语言与可视化常见操作的映射实现交互。微软公司的 Excel 软件也集成了自然语言交互，其中的 AnnaParser 算法能够对数据表进行抽象并结合表格知识理解和实现语义。

二、可视化技术的新特性

（1）交互性。可视化分析是获取数据、单向表示数据、注意结果和提出后续问题的过程，后续问题可能需要向下钻取、向上钻取、筛选、引入新数据或创建数据的其他视图。

（2）多维性。数据可视化必须足够灵活以便说明各种问题，可以按每一维的值对数据进行分类、排序、组合和显示。

（3）可视性。数据可以用图像、曲线、二维图形、三维体和动画来显示，并可通过多种模式和关联关系被应用于可视化分析。

三、主要的数据可视化软件

1. 传统的数据可视化产品

1）PowerBI

作为微软推出的数据可视化产品，PowerBI 在 2019 年的 GartnerBI 象限中排在首位。其优点在于易用性，交互方式类似 Excel；缺点在于性能相对较弱，缺少数据准备与清洗工具。

2）Tableau

基于关系型代数理论研发的 Tableau 是目前使用最为广泛的数据可视化产品之一。其优点在于支持基于拖放的交互方式、丰富的功能以及支持 Hadoop 和 Google BigQuery 等大数据平台；其缺点是仅支持结构化数据，大数据实时响应较慢，权限约束有限。

3）QlikView

QlikView 为新兴的数据可视化产品，也越来越得到广泛应用。其优点在于数据关联查询与钻取能力，图表绘制快速；其缺点在于易用性不足，作为内存型的数据可视化产品，其数据处理速度依赖内存，对硬件要求较高。

2. 面向大数据的可视化产品

1）Apache Superset

基于 Flask-AppBuilder 构建的开源数据可视化系统，其为 B/S 架构，集成了地图、折线图、饼图等可视化方法，并提供了方便的看板定制功能。Apache Superset 的优点是系统具有可扩展性与权限控制机制；其缺点是系统稳定性较差和大数据处理能力不足。

2）Apache Zeppelin

Apache Zeppelin 拥有面向大数据的交互式数据分析与协作记事本工具，为开源项目，同为 B/S 架构。其优点是具有与不同于大数据框架的集成能力与系统可扩展性；其缺点是需要编程、不支持异步数据，大规模数据处理效率略低，客户端可能需要等待较长的时间。

第二节　Tableau 软件

Tableau 公司成立于 2003 年，主要面向企业用户提供数据可视化服务，是一家商业智能软件提供商。运用 Tableau 授权的数据可视化软件对数据进行处理和展示的多为企业，但 Tableau 的产品并不局限于企业，其他机构以及个人均可使用 Tableau 软件进行数据分析。数据可视化是数据分析的完美结果，其能够让枯燥的数据以简单友好的图表形式展现出来。Tableau 在抢占细分市场（也就是大数据处理末端的可视化市场）上具有一定的优势，同时，其还为客户提供解决方案服务。

一、Tableau Desktop

“所有人都能学会的业务分析工具”，这是 Tableau 官方网站对 Tableau Desktop 的描述。Tableau Desktop 的使用者不需要精通复杂的编程和统计原理，只需要把数据直接拖放到工具簿中，通过一些简单的设置就可以得到想要的可视化图形。Tableau Desktop 是一款完全的数据可视化软件，如图 1-1 所示。

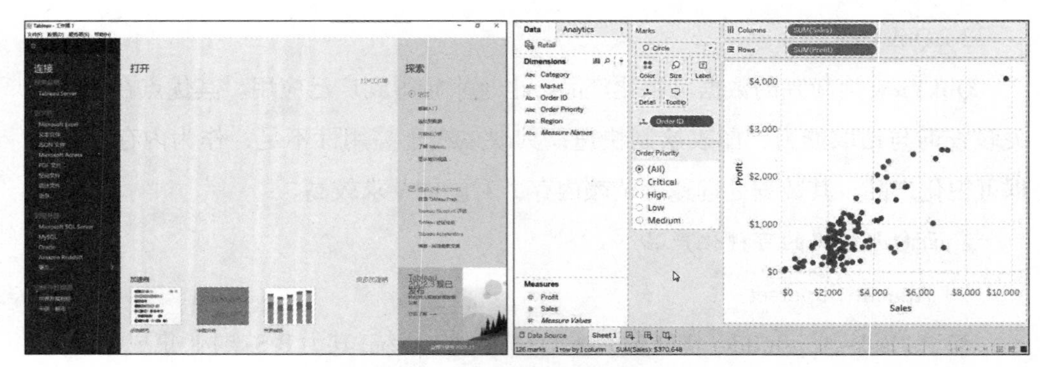

图 1-1　Tableau Desktop 的开始页面

Tableau Desktop 专注于结构化数据的快速可视化，使用者可以快速进行数据可视化并构建交互界面，用来辅助人们进行视觉化思考。快速、易用的可视化是 Tableau Desktop 最大的特点，其能够满足大多数企业、政府机构的数据分析和展示需求，也能满足部分大学、研究机构的可视化项目需求。简单、易用的同时，Tableau Desktop 还拥有高效的数据引擎；Tableau Desktop 还具有完美的数据整合能力，可以将两个数据源整合在同一层，甚至可以将一个数据源筛选为另一个数据源，并将之在数据源中突出显示。Tableau Desktop 这种强大的数据整合能力具有很大的实用性。另外，Tableau Desktop 还有一项独具特色的数据可视化功能——嵌入地图，使用者可以用经过自动地理编码的地图呈现数据，这对企业进行产品市场定位、制定营销策略等有非常大的帮助。

二、Tableau Prep

Tableau Prep 是一款简单易用的数据处理工具（部分 ETL 工作），其是一种更方便的、按需搭建数据模型的工具，可以与 Tableau Desktop、Tableau Server 和 Tableau Online 进行无缝衔接，并随时随地在 Tableau Prep 中进行数据提取、将数据源发布到 Tableau Server 或 Tableau Online。用户还可以直接从 Tableau Prep 中打开 Tableau Desktop 进行数据预览。

Tableau Prep 保持了与 Tableau Desktop 一致的蓝色基调 UI，但不支持多语言选择，其界面分为 3 部分，左侧第一部分用于数据链接，中间是最近使用过的操作流程及预设的展示操作流程，右侧则是一些教学资源，如图 1-2 所示。

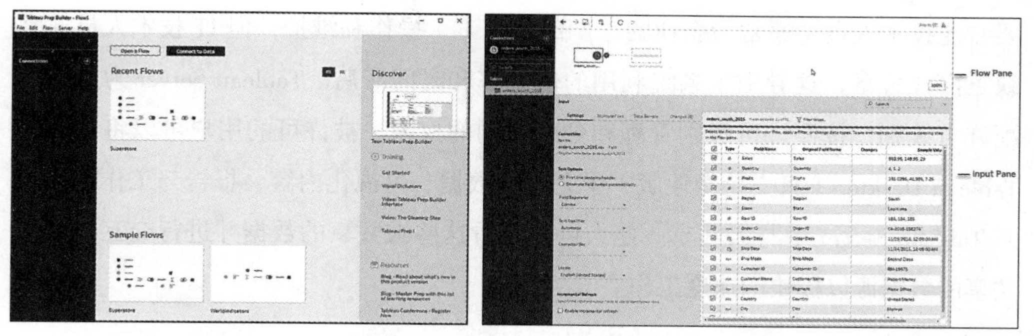

图 1–2　Tableau Prep 的界面

三、Tableau Online

Tableau Online 是 Tableau Server 的软件及服务托管版本，它让商业分析更加快速轻松。操作者可以利用 Tableau Desktop 发布仪表板，然后将之与同事、合作伙伴或客户共享，利用云商业智能技术随时随地、快速地找到答案。Tableau Online 的页面如图 1–3 所示。

图 1–3　Tableau Online 的页面

Tableau Online 可连接云端数据和办公室内的数据，还可连接其他托管在云端的数据源（如 Salesforce 和 Google Analytics）并按计划安排数据刷新，或从公司内部向 Tableau Online 推送数据，从而让团队轻松访问并按设定的计划刷新数据，在数据连接发生故障时获得警报。

四、Tableau Server

Tableau Server 是一种新型的商业智能服务，其通过企业服务器安装 Tableau Server，并由管理员进行管理，允许管理员将需要访问 Tableau Server 的人员添加为用户（无论是发布、浏览还是管理）。传统的商业智能系统往往很笨重、复杂，需要专业技术人员（通常为企业的工厂部门员工）操作和维护，但IT技术人员通常缺乏商业背景，这导致了系统利用的低效率和时间滞后。Tableau Server为用户分配许可级别，按照许可级别管理和分配不同的权限，被许可的用户可以将自己在Tableau Desktop（只支持专业版）中完成的数据、可视化内容、报告与工作簿发布到Tableau Server中与人共享。他人可以查看这些被共享的数据并进行交互，通过共享的数据源以极快的速度工作。

五、Tableau Mobile

Tableau Mobile可以帮助用户随时掌握数据（其需要搭配Tableau Online或Tableau Server账户才能使用），可以让用户快速流畅地查看数据，提供快捷、轻松的数据处理途径。Tableau Mobile的主要功能有随处编写和查看、脱机快照、订阅、灵活展示图表、增强内容的安全性、共享并与团队轻松协作等。

六、Tableau Public

Tableau Public可以连接数据、创建交互式数据可视化内容，并将其直接发布到自己的网站，通过发现数据的内在含义引导读者，让他们与数据互动，发掘新的见解，这一切不用编写代码即可实现。

七、Tableau Reader

Tableau Reader是一款免费桌面应用程序，其可让用户与Tableau Desktop中生成的可视化数据进行交互。利用Tableau Reader，用户可以筛选、向下钻取和查看数据明细，使数据详细到用户需要的程度。

上机操作题

（1）了解数据可视化技术，熟悉Tableau的操作界面。

（2）熟悉Tableau各产品的特性，并思考数据可视化产品之间的关系。

第二章 Tableau Desktop

【学习目标】

1. 了解 Tableau Desktop 的新增功能。

2. 熟悉数据类型、运算符以及运算符之间的优先级关系。

3. 掌握 Tableau Desktop 的软件安装流程、软件界面的布局及其可以导出的文件类型。

【能力目标】

1. 了解 Tableau Desktop 的新增功能，培养独立思考能力。

2. 熟悉数据类型、运算符以及运算符之间的优先级关系，培养逻辑思维能力。

3. 掌握 Tableau Desktop 的软件安装流程、软件界面的布局及其可以导出的文件类型，培养实操能力。

【思政目标】

1. 了解 Tableau Desktop 的新增功能，培养创新精神。

2. 熟悉数据类型、运算符以及运算符之间的优先级关系，培养严谨的科学精神。

3. 掌握 Tableau Desktop 的软件安装流程、软件界面的布局及其可以导出的文件类型，培养主观能动性。

【思维导图】

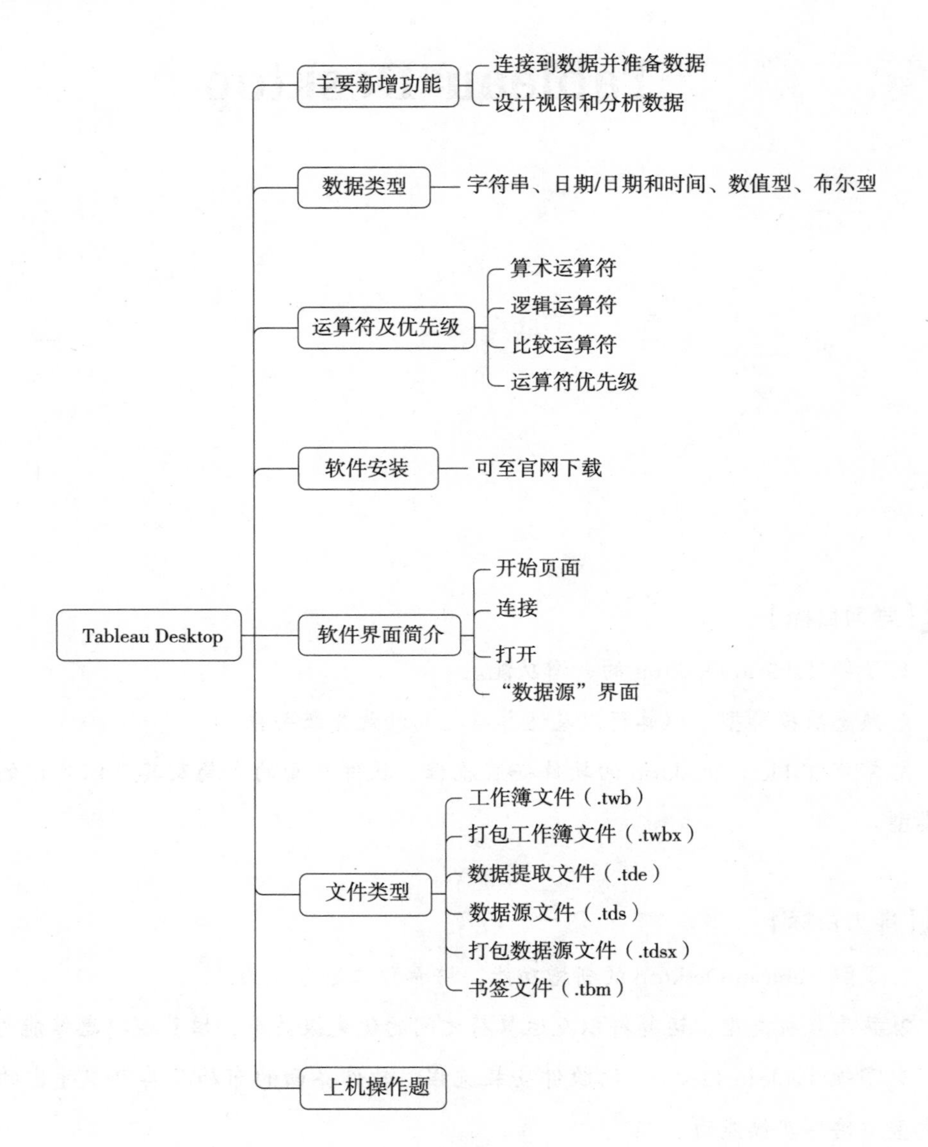

第一节　主要新增功能

用户可以在 Tableau 的官方网站下载最新版本的免费试用软件。截至 2021 年 7 月，Tableau 软件的最新版本是 Tableau Desktop 2020.4，本书也是基于该版本编写的，为了后续能更好地学习本书内容，建议读者下载和安装该版本软件。

Tableau Desktop 2020.4 的主要新增功能如下。

（1）连接到数据并准备数据。主要包括：使用关系为多表数据的分析合并；通过 Snowflake 代理配置连接数据；通过 Azure Synapse Analytics 连接器连接数据；连接到 Esri ArcGSI Server 服务器；连接到 Oracle 数据库中的空间字段。

（2）设计视图和分析数据。主要包括：添加集控件（其允许用户快速修改集的成员）；通过与可视化项之间直接交互在集内添加或移除值；通过"数据解释"功能控制用于分析的字段。

第二节　数据类型

数据源中的所有字段都属于一种数据类型。数据类型反映了该字段所存储信息的种类，如整数、日期和字符串。字段的数据类型在"数据"窗格中由图标标识，Tableau Desktop 的主要数据类型如图 2-1 所示。

图标	数据类型
Abc	文本（字符串）值
▭	日期值
▭	日期和时间值
#	数字值
T|F	布尔值（仅限关系数据源）
●	地理值（用于地图）

图 2-1　Tableau Desktop 的主要数据类型

下面介绍 Tableau 支持的几种数据类型。

1. 字符串

字符串（string）是由 1 个或多个字符组成的序列。例如，"Wisconsin" "ID-44400" 和 "Tom Sawyer" 都是字符串。字符串通过单引号或双引号识别，引号本身可以被重复包含在字符串中，如 "OHanrahan"。

2. 日期 / 日期和时间

日期 / 日期和时间（date/date time）表示的信息如"January 23，2020"或"January 23，2020 12：32：00AM"。如果要将以长型格式编写的日期解释为日期 / 日期和时间，就要在日期两端放置"#"符号。例如，"January 23，2020" 会被视为字符串数据类型，而 # January 23，2020# 会被视为日期 / 日期和时间数据类型。

3. 数值型

Tableau 中的数值（numeric）可以为整数或浮点数。浮点数计算的结果可能并非完全符合预期。例如，当 SUM 函数的返回值为“–1.42e–14”时，求和结果正好为“0”，出现这种情况的原因是程序中的数字以二进制格式存储，有时会以极高的精度级别被舍入。

4. 布尔型

布尔型（boolean）的包含值为 true 或 false 的字段，当结果未知时会出现未知值。例如，表达式 7>Null 会生成未知值，并被自动转换为 Null。

此外，Tableau 中还支持地理数据，该类型的字段可以根据用户需要将省市数据转换为具有经度、纬度坐标的字段，这是地图可视化分析的前提。

在日常工作中，Tableau 可能会将字段标识为错误的数据类型。例如，它可能将包含日期的字段标识为整数而不是日期，用户可以在“数据源”界面上更改原始数据源字段的数据类型。

在“数据源”界面单击字段的“字段类型”按钮，从下拉列表中选择一种新数据类型，如图 2–2 所示。

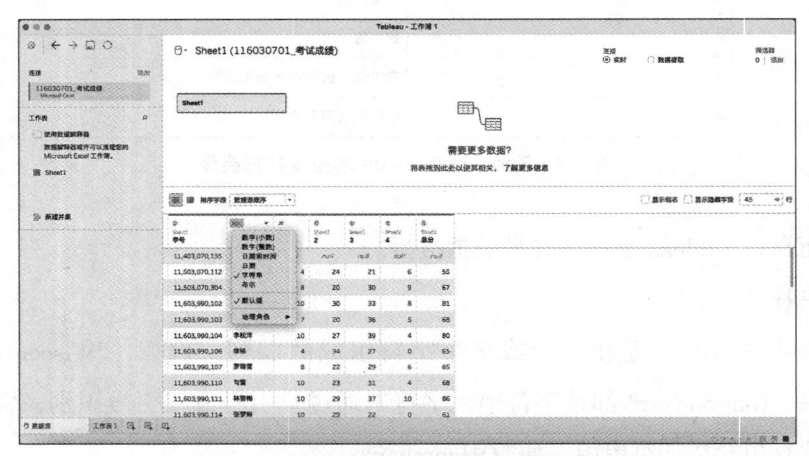

图 2–2　在“数据源”界面中更改数据类型

提取数据时，需要确保之前已经更改了所有必要的数据类型，否则数据会不准确。例如，Tableau 会把原始数据源中的浮点数字段解释为整数，生成的浮点数字段的部分精度会被截断。

如果要在“数据”窗格中更改字段的数据类型，可以单击字段的“字段类型”按钮，然后从下拉列表中选择一种新数据类型，如图 2–3 所示。

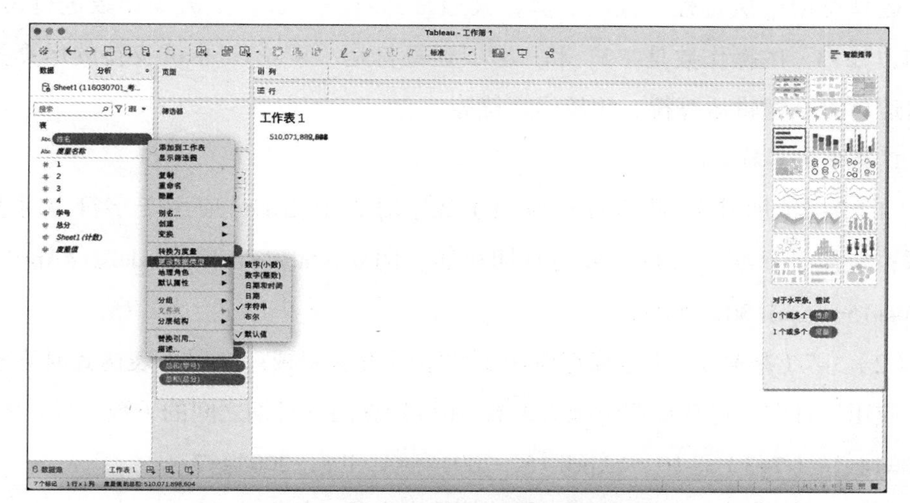

图 2–3　在“数据”窗格中更改数据类型

若要在视图中更改字段的数据类型，则要在“数据”窗格中右击需要更改数据类型的字段，选择“更改数据类型”，然后选择需要的数据类型，如图 2–4 所示。

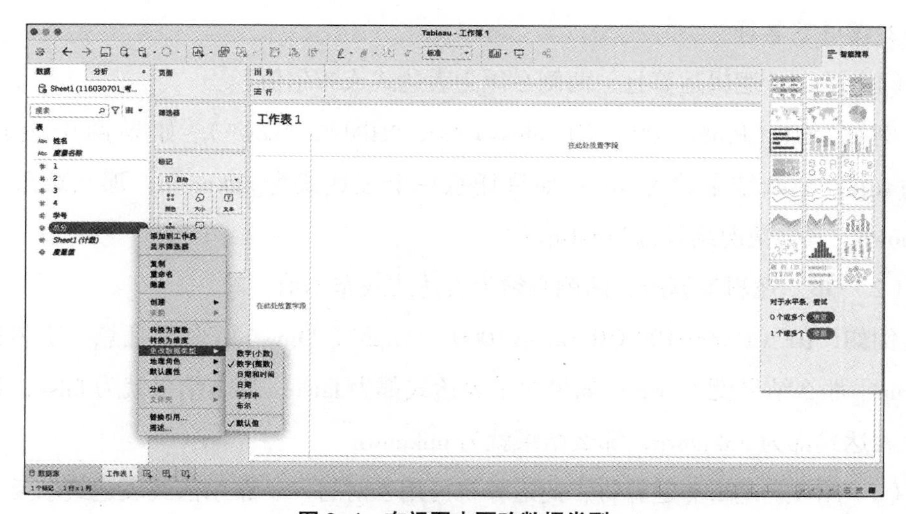

图 2–4　在视图中更改数据类型

此外，由于数据库中的数据比 Tableau 中数据建模的精度更高，因此将这些值添加到视图中时，状态栏右侧将显示一个精度警告对话框。

第三节 运算符及优先级

运算符用于执行程序代码运算，其通常针对一个及以上的操作数进行运算。例如，“2+3”的操作数是“2”和“3”，运算符是“+”。Tableau 支持的运算符有算术运算符、逻辑运算符、比较运算符等。

1. 算术运算符

（1）“+”（加号）。此运算符应用于数字时表示相加；应用于字符串时表示串联；应用于日期时可将天数与日期相加。例如，'abc'+'def'='abcdef'、#April 15，2004#+15=#April 30，2004#。

（2）“–”（减号）。此运算符应用于数字时表示相减；应用于表达式时表示求反；应用于日期时可从日期中减去天数，还可计算两个日期之间的天数差异。例如，17–3=14、–（7+3）=–10、#April 15，2004#–#April 8，2004#=7。

（3）“*”（乘号）。此运算符表示计算数字之积，如 5*4=20。

（4）“/”（除号）。此运算符表示计算数字之商，如 20/4=5。

（5）“%”（求余）。此运算符表示计算数字余数，如 5%4=1。

（6）“^”（乘方）。此符号等效于 POWER 函数，用于计算数字的指定次幂，如 6^3=216。

2. 逻辑运算符

（1）AND。逻辑运算且，两侧必须为表达式或布尔值。

例如，IIF（Profit=100 AND Sales=1000，"High"，"Low"），如果两个表达式都为 true，那么结果就为 true；如果任意一个表达式为 unknown，那么结果就为 unknown；其他情况结果都为 false。

（2）OR。逻辑运算或，两侧必须为表达式或布尔值。

例如，IIF（Profit=100 OR Sales=1000，"High"，"Low"），如果任意一个表达式为 true，那么结果就为 true；如果两个表达式都为 false，那么结果就为 false；如果两个表达式都为 unknown，那么结果就为 unknown。

（3）NOT。逻辑非运算符，此运算符可用于对另一个布尔值或表达式求反。

例如，IIF（NOT（Sales=Profit），"Not Equal"，"Equal"），如果 Sales 等于 Profit，那么结果为 Equal，否则结果为 Not Equal。

3. 比较运算符

Tableau 提供了较多的比较运算符，有“==”或“=”（等于）、“>”（大于）、“<”（小于）、“>=”（大于等于）、“<=”（小于等于）、“!=”或“<>”（不等于）等，这些运算符用于比较两个数字、日期或字符串，并返回布尔值（true 或 false）。

4. 运算符优先级

所有运算符都应按特定顺序计算，如 2*1+2 等于 4 而不等于 6，因为“*”运算符的优先级比“+”运算符高。如表 2–1 所示为运算符的优先级，其按 1~8 依次递减。如果两个运算符具有相同优先级，则按照从左向右的顺序进行计算。

表 2–1　各运算符的优先级

优先级	运算符	优先级	运算符
1	–（求反）	5	==、>、<、>=、<=、!=
2	^（乘方）	6	NOT
3	*、/、%	7	AND
4	+、–	8	OR

用户可以根据需要使用括号，括号中的运算符在计算时优先于括号外的运算符，即从括号内部开始向外计算，如“[1+（2*2+1）*（3*6/3）]=31”。

第四节　软件安装

Tableau 是一款非常出色的可视化工具，其软件操作简单而高效，读者可以前往 Tableau 的官方网站下载（https：//www.tableau.com/zh–cn/support/releases/desktop/2020.4）Tablean Desktop 2020.4 版本。需要说明的是，Tableau 是一款商业软件，用户可以免费试用 14 天，在试用期间，其所有功能都是免费开放的。以下是 Tableau 软件的安装步骤。

下载 Tableau 软件之后，双击程序图标即可开始软件的安装。首先进入的是安装引导页面，单击“继续”按钮，如图 2–5 所示。

进入软件用户协议条款界面，单击“Continue”按钮，如图 2–6 所示。

在接下来的页面单击“Agree”按钮，如图 2–7 所示。

选择软件的安装路径（也可直接单击“安装”按钮），如图 2–8 所示。

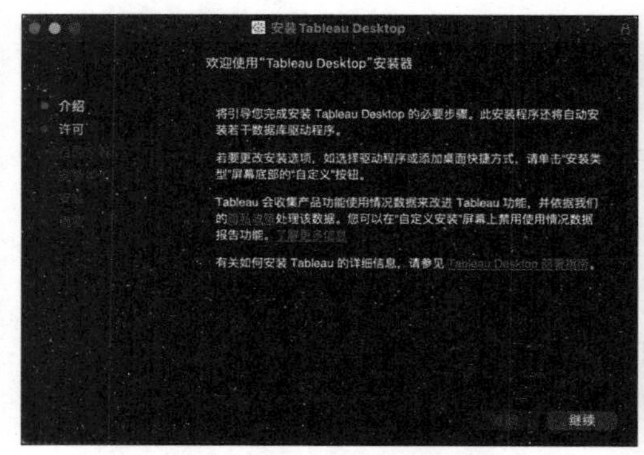

图 2–5 软件安装引导页面

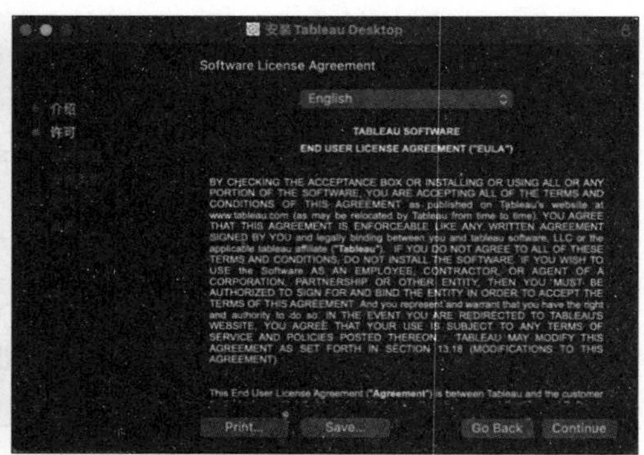

图 2–6 软件用户协议条款

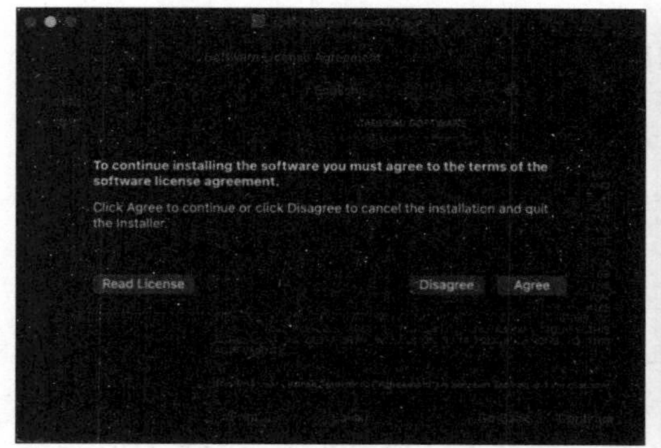

图 2–7 软件用户协议条款

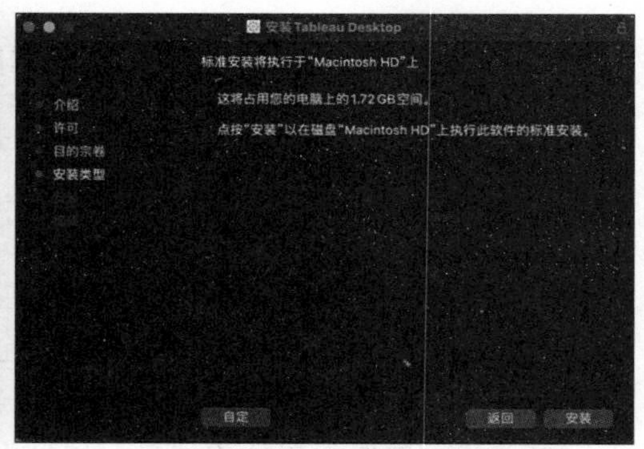

图 2–8 安装路径页面

在设置好相关的安装路径后，单击“安装”按钮，开启 Tableau 的安装进程，该进程需要几分钟的时间完成。在软件安装成功后打开软件，用户需要选择试用或激活，如果是首次使用或者没有购买 Tableau，可以填写相关信息以选择试用 14 天。如果拥有 Tableau 的产品密钥，则可以通过该密钥激活 Tableau，如图 2–9 所示。

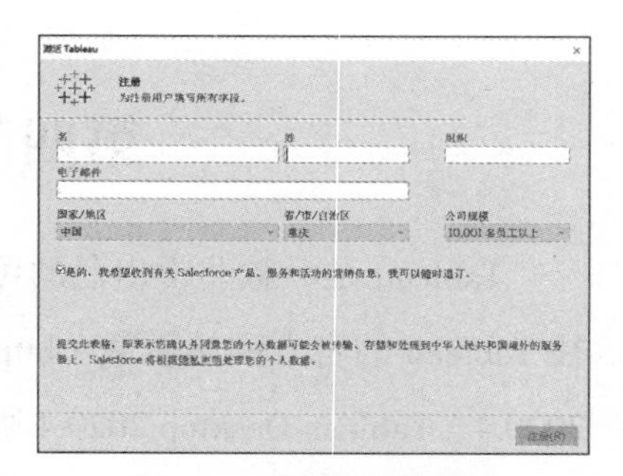

图 2–9 选择试用或激活

第五节　软件界面简介

1. 开始页面

Tableau Desktop 的工作簿与 Excel 工作簿十分类似，均包含一个或多个工作表，可以是普通工作表、仪表板或故事。用户通过这些工作簿文件可以对运算结果进行组织、保存和共享。打开 Tableau 时，程序会自动创建一个空白工作簿，用户也可以自己创建新工作簿，方法是执行“文件”→“新建”命令。

Tableau Desktop 的开始页面主要由“连接”和“打开”两个区域组成，用户可以从中连接数据、访问最近使用的工作簿等，如图 2–10 所示。

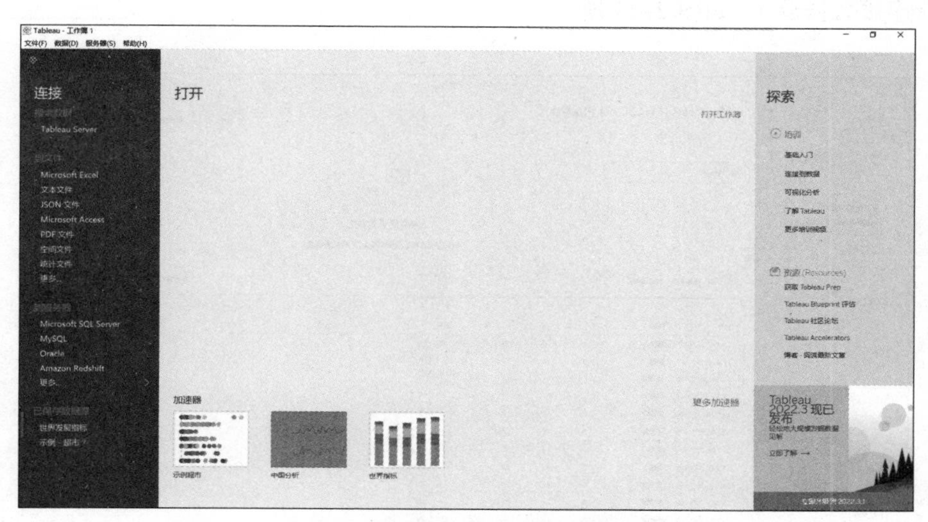

图 2–10 Tableau Desktop 的开始页面

2. 连接

（1）连接“到文件”。可以连接存储在 Microsoft Excel 中的文件、文本文件、JSON 文件、Microsoft Access 文件、Tableau 数据提取文件和统计文件等文件中的数据源。

（2）连接“到服务器”。可以连接存储在数据库中的数据，如 Tableau Server、Microsoft SQL Server、Oracle 或 MySQL 等。

（3）已保存数据源。可以快速打开之前保存到“我的 Tableau 存储库”文件夹中的数据源，默认情况下这里会显示一些已保存的数据源的实例。

3. 打开

在“打开”窗格中可以执行以下操作。

（1）访问最近打开的工作簿。首次打开 Tableau Desktop 时此窗格为空；创建和保存新工作簿后，此处将显示最近打开过的工作簿。

（2）锁定工作簿。可单击工作簿缩略图左上角的“锁定”按钮，将工作簿固定在开始页面中。

4. “数据源”界面

连接数据源“成绩单”(获取资源请扫描右侧二维码)。

在建立数据的初始连接后，Tableau 将引导用户进入“数据源”界面（用户也可以单击“显示开始页面”按钮返回开始页面，并重新连接数据源)，如图 2–11 所示。

Tableau - 工作簿 1

连接 添加

116030704_考试成绩
Microsoft Excel

工作表

使用数据解释器
数据解释器或许可以清理您的 Microsoft Excel 工作簿。

Sheet1

新建并集

Sheet1 (116030704_考试成绩)

连接 ◉ 实时 ○ 数据提取

筛选器 0 | 添加

Sheet1

需要更多数据?
将表拖到此处以使其相关。了解更多信息

排序字段 数据源顺序

显示别名 显示隐藏字段 44 行

Sheet1 学号	Sheet1 姓名	Sheet1 一	Sheet1 二	Sheet1 三	Sheet1 四	Sheet1 总分
11,403,070,412	陈伟	2	0	6	3	11
11,403,070,427	黄鹏	0	0	0	0	0
11,503,070,409	余泽健	null	null	null	null	0
11,503,070,410	邹世宁	null	null	null	null	0
11,503,070,416	余锁辞	0	1	2	2	5
11,603,990,601	孙登峰	3	25	27	7	62
11,603,990,603	曹茜	5	24	36	4	69
11,603,990,604	王航	4	23	31	4	62
11,603,990,605	于子龙	6	27	35	9	77
11,603,990,608	黄菲斯	4	21	25	8	58
11,603,990,612	王光梅	3	29	32	4	68

数据源 工作表 1

图 2–11 单击“显示开始页面”按钮

Tableau Desktop 的界面外观和可用选项会因连接的数据类型而异。“数据源”界面通常由 3 个主要区域组成，即左侧窗格、画布和网格，如图 2–12 所示。

Tableau - 工作簿 1

连接 添加

116030704_考试成绩
Microsoft Excel

工作表

使用数据解释器
数据解释器或许可以清理您的 Microsoft Excel 工作簿。

Sheet1

新建并集

Sheet1 (116030704_考试成绩)

连接 ◉ 实时 ○ 数据提取

筛选器 0 | 添加

Sheet1

画布

需要更多数据?
将表拖到此处以使其相关。了解更多信息

排序字段 数据源顺序

显示别名 显示隐藏字段 44 行

Sheet1 学号	Sheet1 姓名	Sheet1 一	Sheet1 二	Sheet1 三	Sheet1 四	Sheet1 总分
11,403,070,412	陈伟	2	0	6	3	11
11,403,070,427	黄鹏	0	0	0	0	0
11,503,070,409	余泽健	null	null	null	null	0
11,503,070,410	邹世宁	null	null	null	null	0
11,503,070,416	余锁辞	0	1	2	2	5
11,603,990,601	孙登峰	3	25	27	7	62
11,603,990,603	曹茜	5	24	36	4	69
11,603,990,604	王航	4	23	31	4	62
11,603,990,605	于子龙	6	27	35	9	77
11,603,990,608	黄菲斯	4	21	25	8	58
11,603,990,612	王光梅	3	29	32	4	68

左侧窗格

网格

数据源 工作表 1

图 2–12 “数据源”界面

1）左侧窗格

“数据源”界面的左侧窗格用于显示有关 Tableau Desktop 连接数据的详细信息。对基于文件的数据，左侧窗格中可能显示数据来源的文件名和文件中的工作表；对关系数据，左侧窗格中可能显示来源服务器、数据库或架构、数据库中的表。

2）画布

连接若干关系数据和基于文件的数据后，用户可以将一张或多张表拖曳到画布区域的顶部以设置数据源。在连接多维数据集的数据后，“数据源”界面的顶部会显示可用的目录或要从中进行选择的查询和多维数据集。

3）网格

使用网格后用户可以查看数据源中的字段和前 1 000 行数据，还可以对数据源进行修改，如排序、隐藏、重命名、重置名称、创建计算、更改列 / 行排序或添加别名。

此外，根据连接的数据类型单击“管理元数据”按钮可以导航到元数据网格中。元数据网格会将数据源中的字段显示为行，以便快速检查数据源的结构并执行日常管理操作，如重命名字段或一次性隐藏多个字段等，如图 2-13 所示。

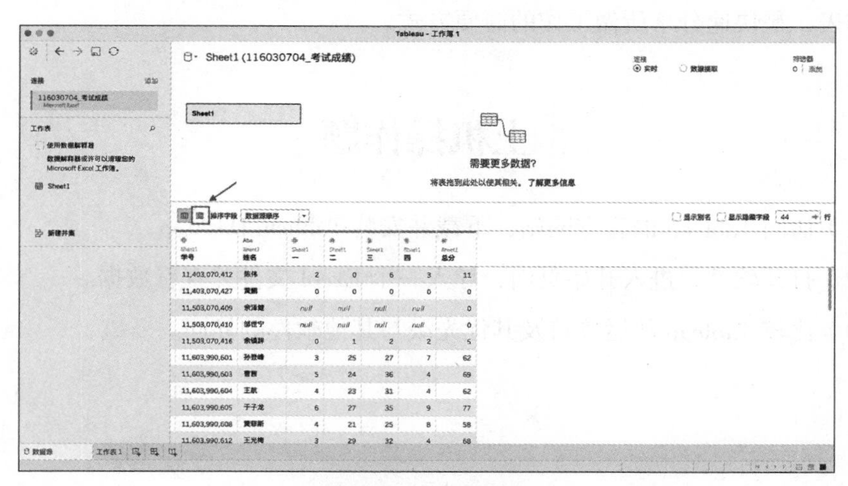

图 2-13 元数据网格

第六节 文 件 类 型

结束数据可视化分析后，用户可以使用多种不同的 Tableau 专用文件类型保存分析结果，如保存工作簿、打包工作簿、数据提取、数据源、打包数据源和书签等。

（1）工作簿文件（.twb）。Tableau 的工作簿文件具有 .twb 文件扩展名，工作簿文件中将包含一个或多个工作表，还可以有若干仪表板和故事。

（2）打包工作簿文件（.twbx）。Tableau 的打包工作簿文件具有 .twbx 文件扩展名，打包工作簿文件是一个 .zip 文件，其将包含一个工作簿及任何提供支持的本地文件数据源和背景图像，适合与不能访问该数据的人共享。

（3）数据提取文件（.tde）。Tableau 的数据提取文件具有 .tde 文件扩展名，是部分或整体数据源的一个本地副本文件，可用于共享数据、脱机工作和增强数据库性能。

（4）数据源文件（.tds）。Tableau 的数据源文件具有 .tds 文件扩展名，是连接经常使用的数据源的快捷方式，其并不包含实际数据，只包含连接到数据源所必需的信息和用户在“数据”窗格中所做的修改。

（5）打包数据源文件（.tdsx）。Tableau 的打包数据源文件具有 .tdsx 文件扩展名，是一个 .zip 文件包，其包含数据源文件（.tds）和本地文件数据源。用户可使用此文件格式创建一个文件，以便将之与不能访问该数据的其他人共享。

（6）书签文件（.tbm）。Tableau 的书签文件具有 .tbm 文件扩展名，其中包含单个工作表，是快速分享所做工作的简便方式。

上机操作题

（1）访问 Tableau 的官方网站，下载并安装 Tableau Desktop。

（2）打开软件，进入开始页面，导入一个 Excel 文件并查看数据。

（3）比较 Tableau 的运算符及其优先级与其他软件的异同。

第三章 连接数据源

【学习目标】

1. 了解 Microsoft Excel 等文件数据、MySQL 的功能及运用领域。

2. 掌握 Tableau 与外部数据源连接以及使用 Tableau Desktop 连接到主要数据源的方法。

【能力目标】

1. 了解 Microsoft Excel 等文件数据、MySQL 的功能及运用领域，培养独立自主的学习能力，领略与数据有关的前沿技术。

2. 掌握 Tableau 与外部数据源连接以及用 Tableau Desktop 连接主要数据源的方法，培养多角度分析问题的思维能力。

【思政目标】

1. 了解 Microsoft Excel 等文件数据、MySQL 的功能及运用领域，培养创新精神和科学精神。

2. 掌握 Tableau 与外部数据源连接以及用 Tableau Desktop 连接到主要数据源的方法，培养数据安全意识。

【思维导图】

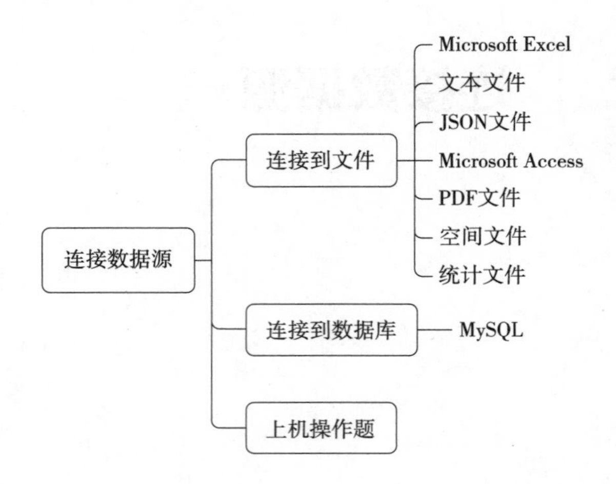

数据无处不在，分析始于连接。不管是本地数据还是数据库数据、云端数据，Tableau 均可以方便、迅速地与之建立连接，Tableau 支持的各类数据源包括以下几种。

（1）文件数据：Excel 文件、文本文件、JSON、统计文件等。

（2）关系型数据库：MySQL、Microsoft SQL Server、Oracle、DB2 等。

（3）云端数据库：Windows Azure、Google BigQuery、阿里云数据库等。

（4）其他数据源：配置 ODBC 驱动器实现各类数据源的连接。

（5）组合数据源：支持定义多个连接并将之连接到文件和关系型数据库。

第一节 连接到文件

一、Microsoft Excel

Microsoft Excel 是微软办公软件中用于进行各种数据处理、统计分析和辅助决策的软件，其被广泛应用于管理、统计、金融等领域。

（1）打开“连接”界面，单击“Microsoft Excel”选项，如图 3-1 所示。

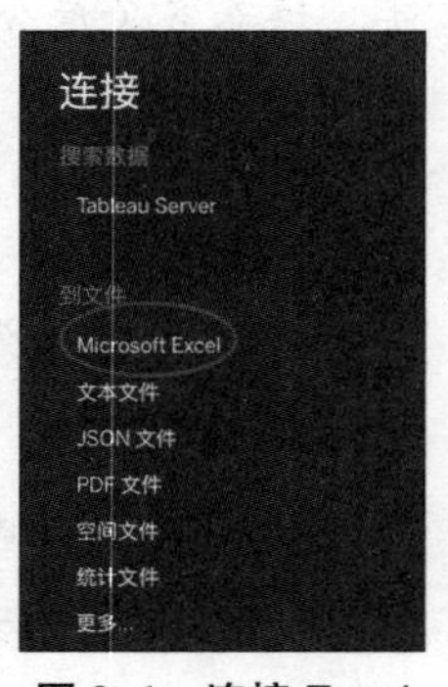

图 3-1 连接 Excel

（2）在浏览文件的页面选择需要导入的 Excel 文件，这里选择的文件是“某公司销售数据 .xlsx”，选定之后单击“打开”

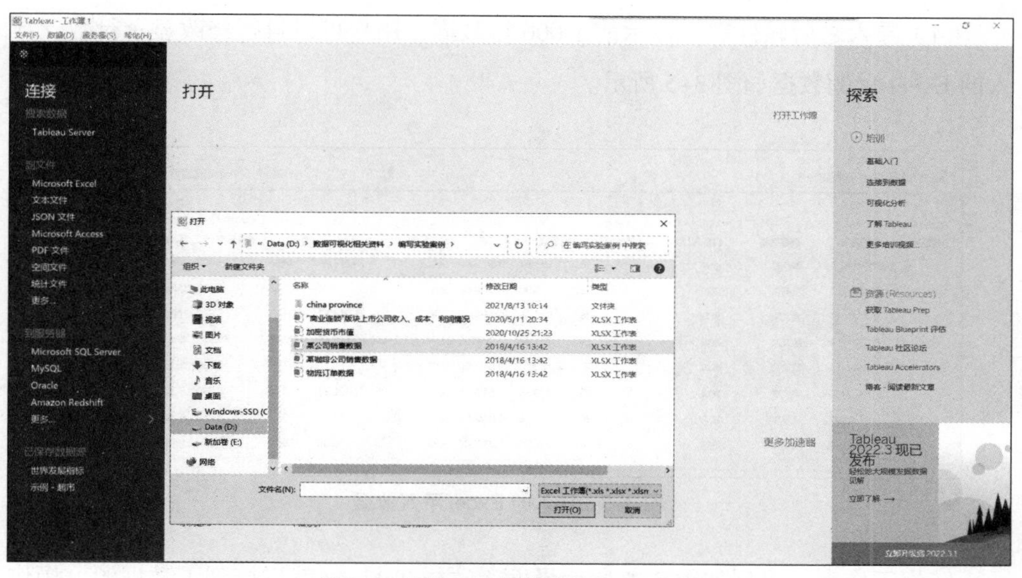

图 3–2 浏览、选择并导入 Excel 文件

按钮，如图 3–2 所示。

（3）如图 3–3 所示，进入“数据源”界面后，“工作表”标签下是 Excel 中的多个工作表，用户可以根据需求进行选择，这里选择“全国订单明细（某公司销售数据）”工作表，双击“全国订单明细”或将之拖曳到指定位置即可导入数据，如图 3–4 所示。

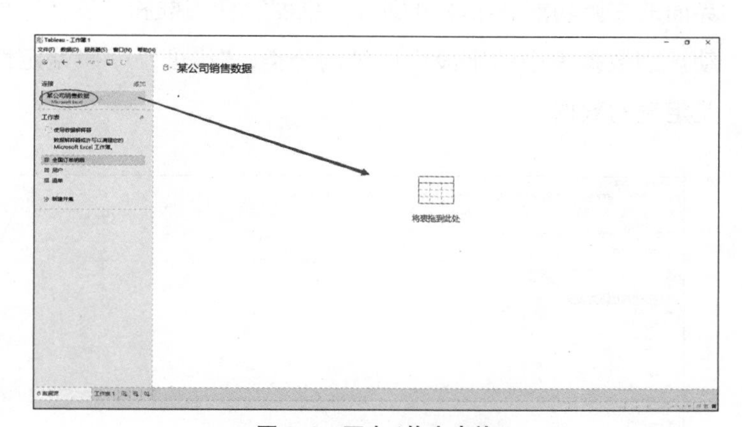

图 3–3 双击 / 拖曳表格

注：在数据量不是很大的情况下，一般选择“实时连接”。

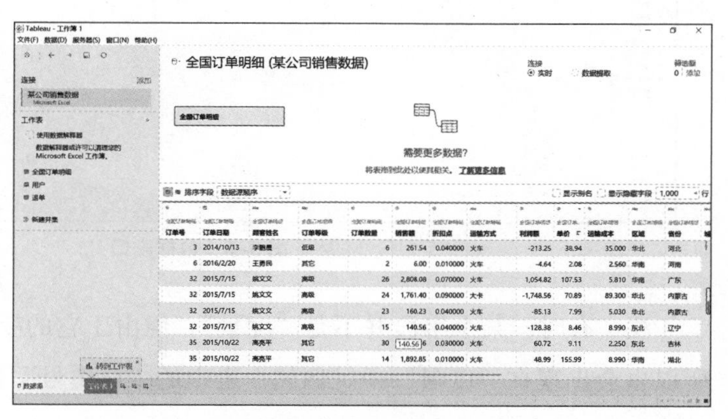

图 3–4 导入数据

（4）导入之后软件默认显示前 1 000 行数据，用户可以自行修改显示行数，导入的 Excel 示例数据如图 3–5 所示。

排序字段 数据源顺序　　显示别名　显示隐藏字段 1,000 行

订单号	订单日期	顾客姓名	订单等级	订单数量	销售额	折扣点	运输方式	利润额	单价	运输成本	区域	省份
3	2014/10/13	李鹏晨	低级	6	261.54	0.040000	火车	-213.25	38.94	35.000	华北	河北
6	2016/2/20	王勇民	其它	2	6.00	0.010000	火车	-4.64	2.08	2.560	华南	河南
32	2015/7/15	姚文文	高级	26	2,808.08	0.070000	火车	1,054.82	107.53	5.810	华南	广东
32	2015/7/15	姚文文	高级	24	1,761.40	0.090000	大卡	-1,748.56	70.89	89.300	华北	内蒙古
32	2015/7/15	姚文文	高级	23	160.23	0.040000	火车	-85.13	7.99	5.030	华北	内蒙古
32	2015/7/15	姚文文	高级	15	140.56	0.040000	火车	-128.38	8.46	8.990	东北	辽宁
35	2015/10/22	高亮平	其它	30	140.56	0.030000	火车	60.72	9.11	2.250	东北	吉林
35	2015/10/22	高亮平	其它	14	1,892.85	0.010000	火车	48.99	155.99	8.990	华南	湖北

图 3–5　导入的 Excel 示例数据

转到工作表，出现如图 3–6 所示界面，这样 Tableau 就连接到了数据源。操作界面的左侧功能区菜单分别有“维度”列表框和“度量”列表框，这是 Tableau 自动识别数据表中的字段后提供的分类，“维度”一般是定性的数据，“度量”一般是定量的数据。

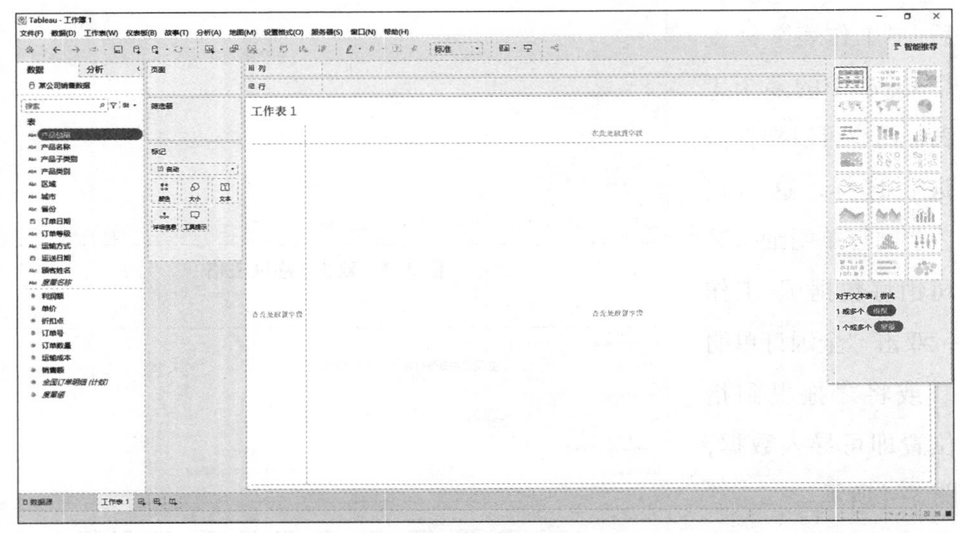

图 3–6　数据窗口

注：有时，某个字段并不是“度量”，但由于它的变量值是定量的数据形式，所以也会出现在“度量”中。例如，表中的“订单号”被分在“度量”中，但其数值不具有实际的量化意义，此时只需将其拖曳到“维度”列表框即可。

二、文本文件

文本文件是指以 ASCII 编码（即文本）方式存储的文件。更确切地说，以英文、数字等字符存储的是 ASCII，以中文字存储的是机内码，文本文件最后一行末尾通常放置的是文件的结束标志。

在开始页面的"连接"窗格中单击"文本文件"选项，如图 3–7 所示。在弹出的对话框中选择要连接的"考试分数 .txt"文件，单击"打开"按钮，如图 3–8 所示。

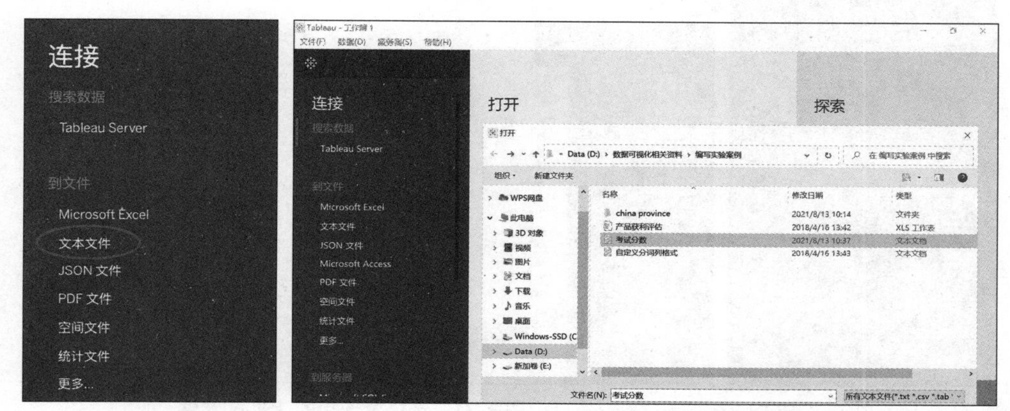

图 3–7　单击"文本文件"选项　　图 3–8　选择要连接的文本文件

注：Tableau 默认情况下会自动生成字段名称，但由于选择的文本文件中已经有每个字段的名称，因此这里需要选择"字段名称位于第一行中"选项，如图 3–9 所示。

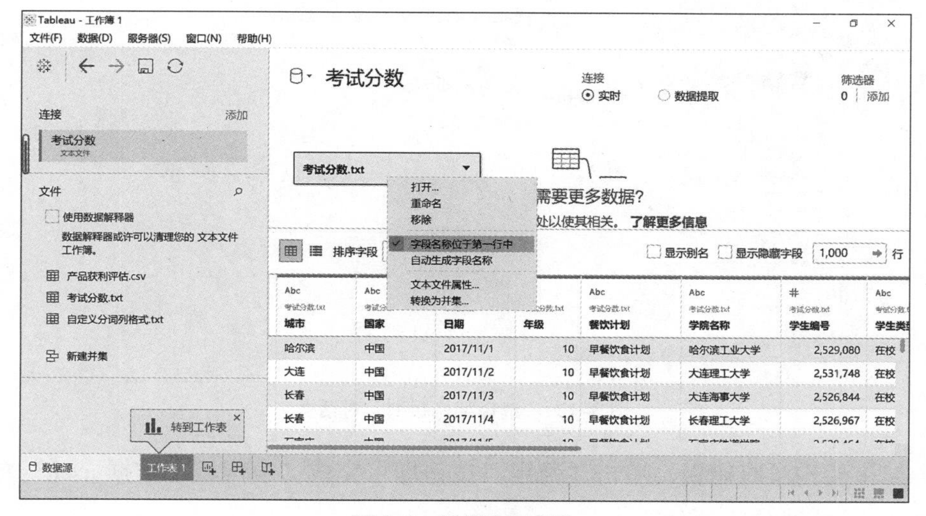

图 3–9　设置字段名称

三、JSON 文件

JSON 是一种轻量级的数据交换格式，适用于服务器与 JavaScript 等脚本语言之间的数据交互，具有读写更加容易、易于被机器解析和生成、支持 Java 等多种语言的特点。

在开始页面的“连接”窗格中单击“JSON 文件”选项，如图 3-10 所示。在弹出的对话框中选择要连接的“全国城市数据 .json”文件，如图 3-11 所示。

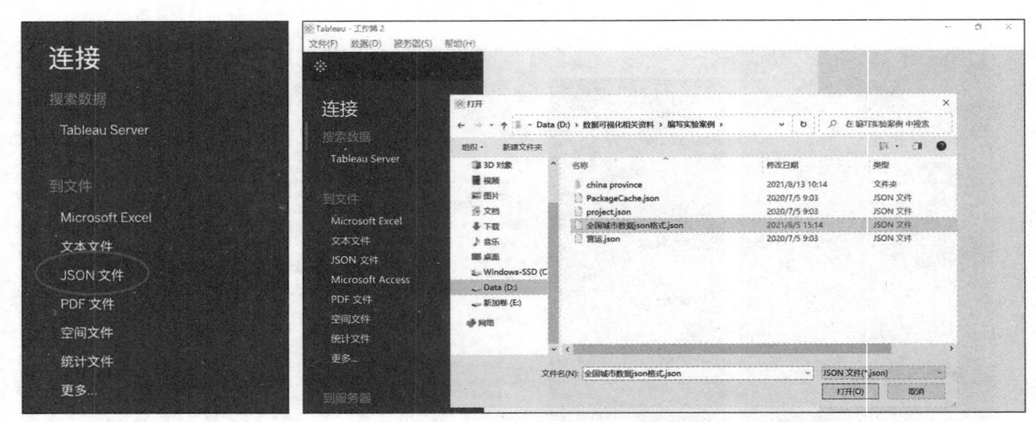

图 3-10　单击“JSON 文件”选项　　　　图 3-11　选择要连接的 JSON 文件

单击“打开”按钮，打开“选择架构级别”对话框，其作用是确定用于分析的维度和度量，如图 3-12 所示。

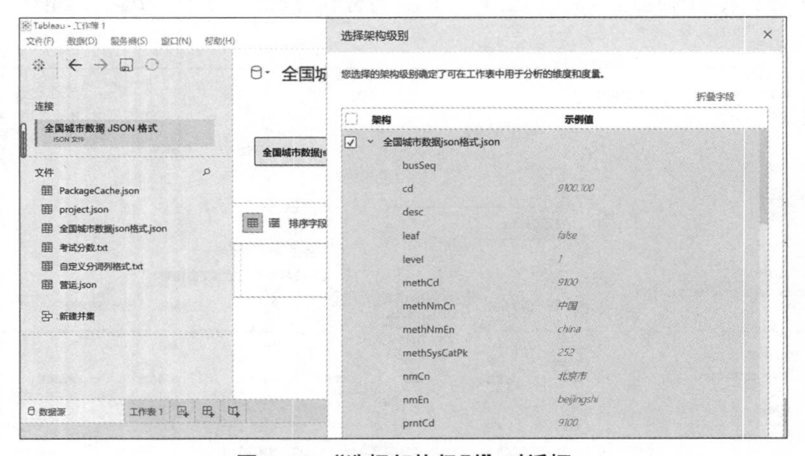

图 3-12　“选择架构级别”对话框

如果架构没有错误，单击“确定”按钮即可完成“全国城市数据 .json”数据文件的导入，如图 3-13 所示。

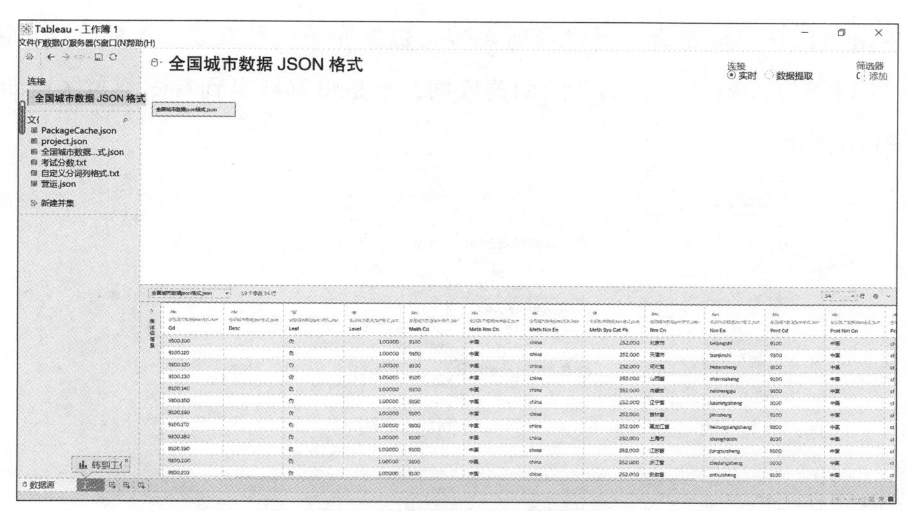

图 3–13　导入 JSON 数据文件

四、Microsoft Access

Microsoft Access 是将数据引擎的图形用户界面和软件开发工具结合在一起的数据库管理系统，是微软 Office 软件中一个重要成员。其在专业版和更高版本的 Office 软件中被单独出售，最大的优点是易学、易用，非计算机专业的人员也能快速学会。

在开始页面的“连接”窗格中单击“Microsoft Access”选项，如图 3–14 所示。

单击“文件名”后的“浏览”按钮，选择要连接的 Access 文件，如“上市公司财报 .accdb”。如果 Access 文件受密码保护，则此时还需要勾选“数据库密码”选项，然后输入密码。如果 Access 文件受工作组安全性保护，那么这里就需要勾选“工作组安全性”选项，然后选择工作组文件并输入用户名和密码，如图 3–15 所示。

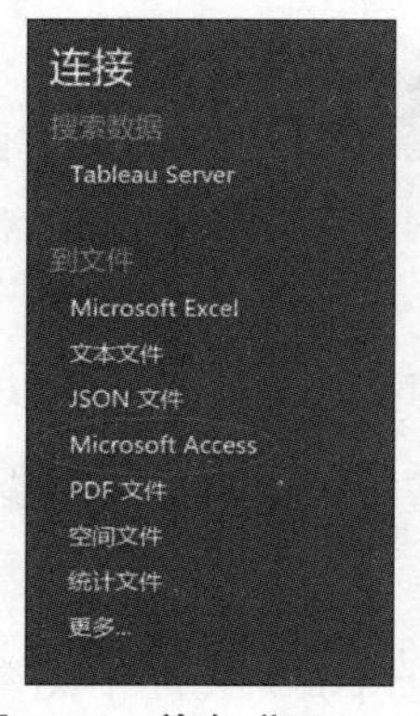

图 3–14　单击“Microsoft Access”选项

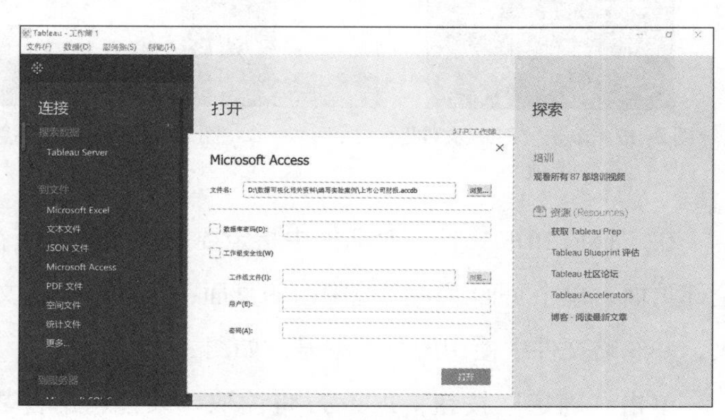

图 3–15　选择要连接的 Access 文件

单击“打开”按钮后，可以看到 Access 数据库中的所有表。例如，这里需要分析“净利润 / 净资产收益率”的相关数据，于是将其拖曳到右侧画布区域即可，如图 3–16 所示。

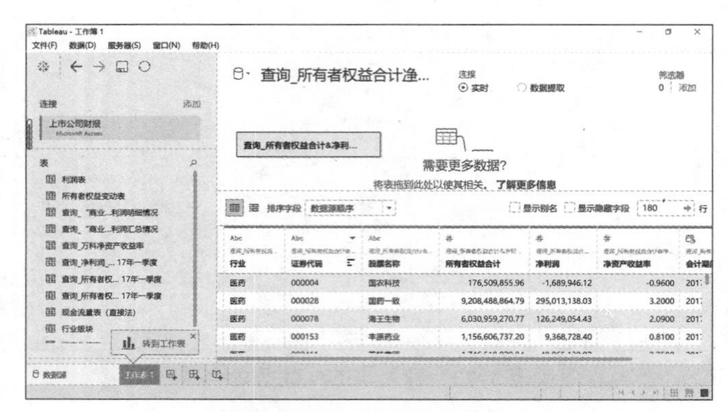

图 3–16 打开 Access 数据文件

五、PDF 文件

Tableau 可以读取 PDF 文件中的数据。在开始页面的“连接”窗格中单击“PDF 文件”选项，如图 3–17 所示。

选择要连接的“某公司销售数据 .pdf”文件，单击“打开”按钮，如图 3–18 所示。

图 3–17 单击“PDF 文件”选项

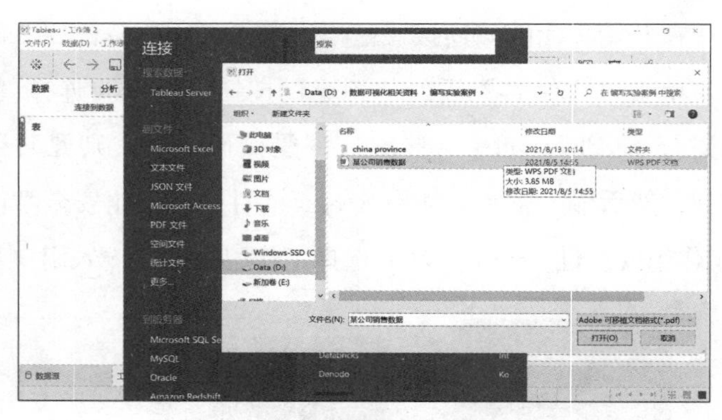

图 3–18 选择要连接的 PDF 文件

在“扫描 PDF 文件”对话框中指定要扫描的数据所在页面，Tableau 可以扫描全部页面、单个页面或一定范围内的页面，扫描时会将文件的第 1 页计为数据第 1 页，并忽略文件中使用的页面编号，如图 3–19 所示。

单击“确定”按钮，Tableau 将读取“某公司销售数据 .pdf”文件中的数据，如图 3–20 所示。

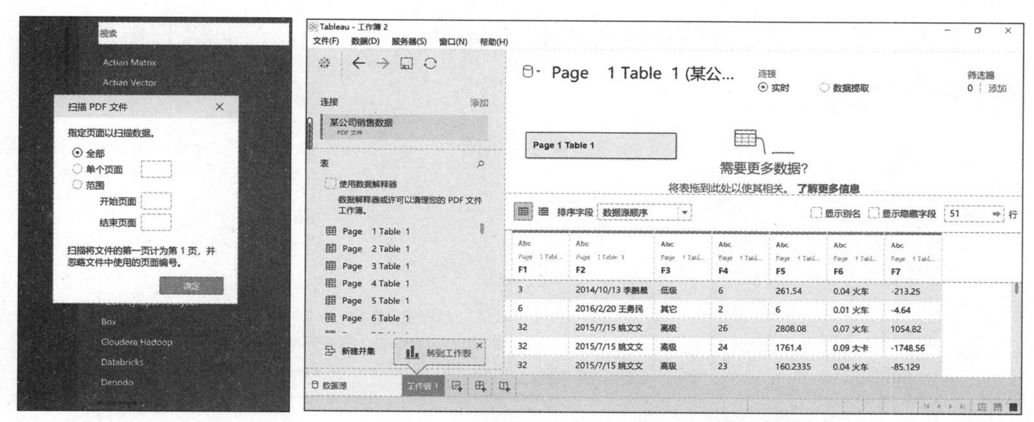

图 3-19　“扫描 PDF 文件”对话框　　**图 3-20　打开 PDF 数据文件**

六、空间文件

Tableau 可以读取空间文件中的数据。在连接之前，需要确保以下文件位于同一个文件夹下。

（1）对于 ESRI Shapefile 文件：文件夹中必须包含 .shp、.shx 和 .dbf 文件。

（2）对于 MapInfo 表：文件夹中必须包含 .tab、.dat、.mapid 或 .mid/.mlf 文件。

（3）对于 KML 文件：文件夹中必须包含 .kml 文件，不需要包含其他文件。

（4）对于 GeoJSON 文件：文件夹中必须包含 .geojson 文件，不需要包含其他文件。

在开始页面的“连接”窗格中单击“空间文件”选项，如图 3-21 所示，即可在弹出的对话框中选择需要连接的全国各个省份的 ESRI Shapefile 地图文件，这里选择“china province.shp”文件，如图 3-22 所示。

图 3-21　单击“空间文件”选项

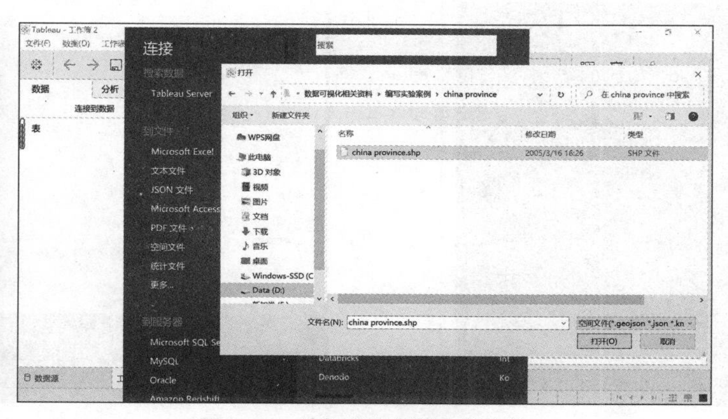

图 3-22　选择要连接的空间文件

单击“打开”按钮，Tableau 将读取“china province.shp”空间文件中的数据，如图 3–23 所示。

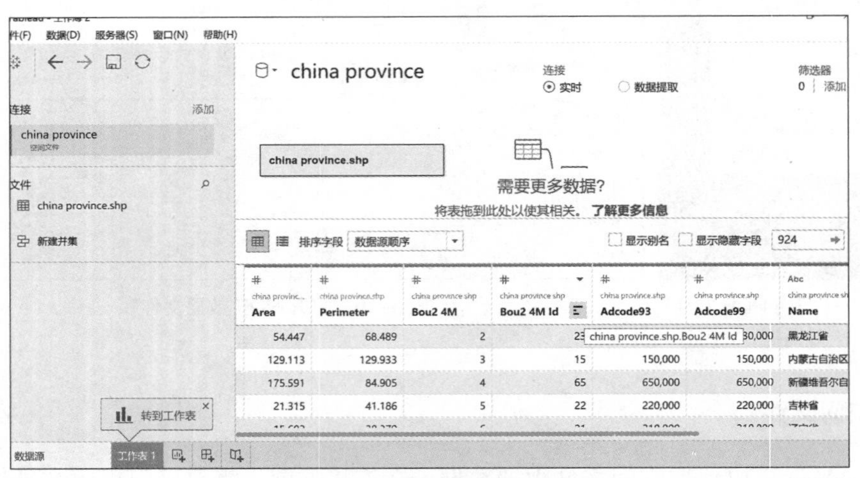

图 3–23 打开空间数据文件

七、统计文件

统计文件是指从 SAS、SPSS 和 R 等统计分析软件中导出的数据文件。Tableau 对各类统计分析软件具有很好的兼容性，可以直接导入 SAS（.sas7bdat）、SPSS（.sav）和 R（.rdata、.rda）等类型的数据文件。

在开始页面的“连接”窗格中单击“统计文件”选项，如图 3–24 所示。此时若要导入 SPSS 格式的数据文件，可以在弹出的对话框中选择“酒店数据 .sav”文件，如图 3–25 所示。

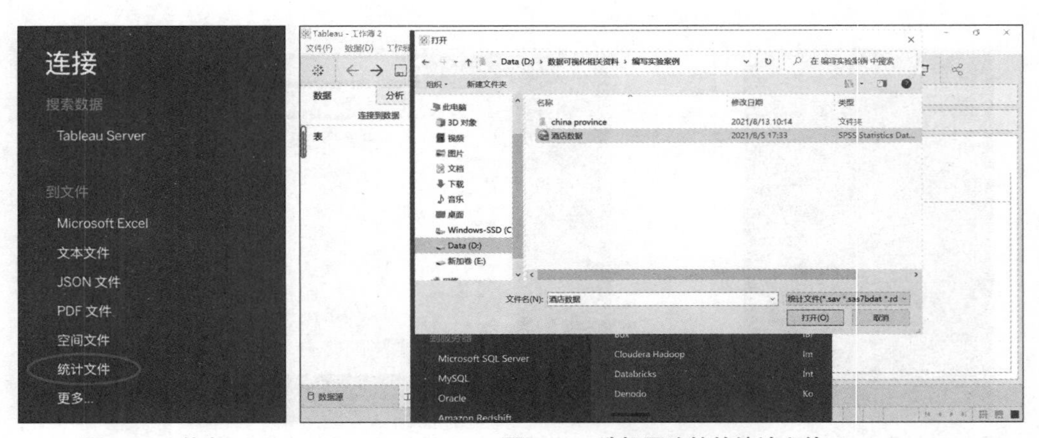

图 3–24 单击“统计文件”选项

图 3–25 选择要连接的统计文件

单击“打开”按钮，“酒店数据 .sav”文件中的数据就被导入 Tableau 中了，如图 3–26 所示。

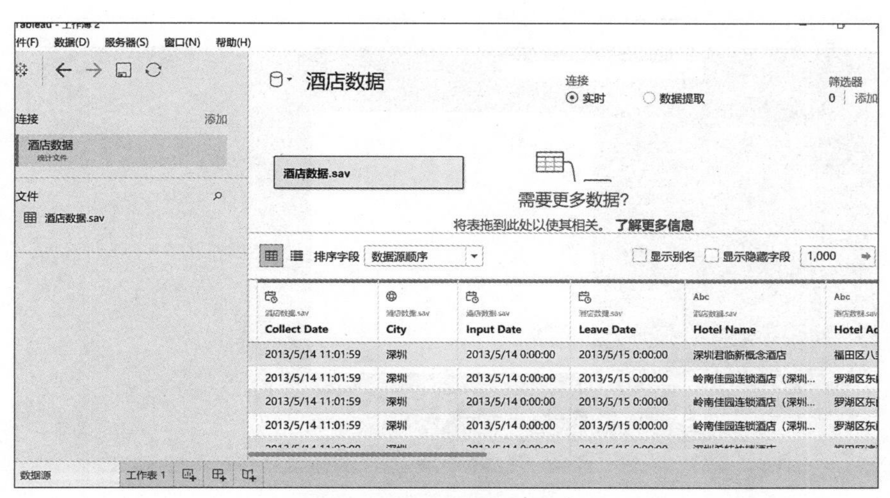

图 3–26 打开统计文件

第二节 连接到数据库

MySQL 是一个典型的关系型数据库管理系统，且开源免费。关系型数据库可以将数据保存在不同的表中，而不是将数据放在一个大“仓库”内，这样可以增加数据的读取速度并提高其灵活性。MySQL 所使用的 SQL 语言是用于访问数据库的最常用的标准化语言。

MySQL 采用双授权政策，其软件系统分为社区版和商业版。在连接 MySQL 数据库之前，首先需要到 MySQL 数据库的官方网站下载对应版本的 Connector ODBC 驱动程序，然后安装。安装过程比较简单，参数配置保持默认即可。安装完成后，在 Tableau 的开始页面的“连接”窗格中单击“MySQL”选项，然后输入数据库的服务器地址、用户名和密码等，单击“登录”按钮即可登录到数据库系统中。

注意：当连接的数据库服务器是 SSL 服务器时，在“连接”窗格中还需要勾选“需要 SSL”选项。如果连接不成功，用户需要检查用户名和密码是否正确。如果确认无误后仍然连接失败，那么使用者就需要联系网络管理员或数据库管理员进行处理。

成功登录服务器后，使用者可选择需要连接的数据库和表，这里将选择需要的数据库，再将数据库中的表拖曳到右侧画布区域中。

使用 Tableau 连接数据库，首先要选择目标数据库的类型，这里选择 MySQL，打开如图 3–27 所示的对话框。

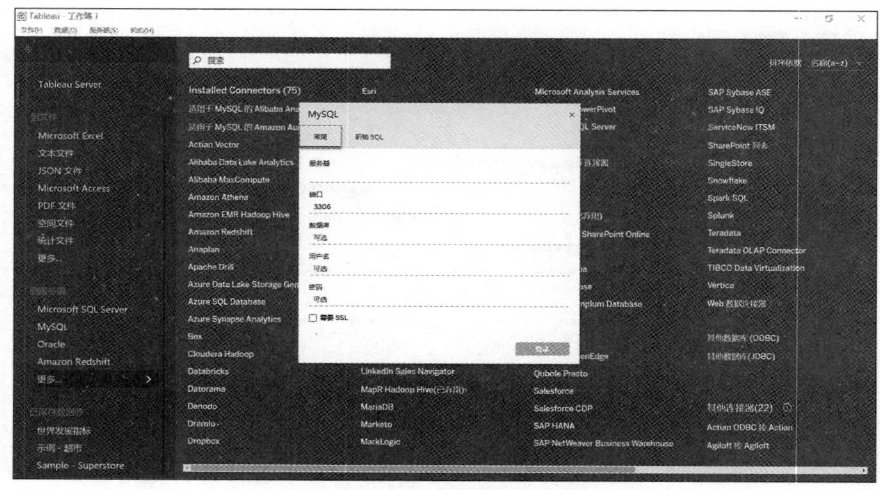

图 3–27　弹出对话框

具体操作步骤如下。

（1）输入服务器名称和端口号。

（2）输入服务器的用户名和密码。

（3）单击“确定”按钮以进行连接测试。

（4）在建立连接后，选择服务器上的某个数据库。

（5）选择数据库中一个或多个数据表，或者使用 SQL 语言查询特定的数据表。

（6）给连接到的数据库定义一个名称，以便其能在 Tableau 中显示。

经过以上步骤之后，单击“确定”按钮，完成连接数据库操作，后续就可以使用数据库中的数据进行分析了。

注：这里连接的是本地服务器，请读者根据各自服务器的情况输入相关信息。

若要在步骤（5）中使用 SQL 语句查询特定的字段，则只需选中“特定”选项。

上机操作题

（1）使用 Tableau 分别导入 Excel、PDF、Microsoft Access 等类型的数据。

（2）使用 Tableau 连接 MySQL 数据库中的表。

第四章　Tableau的基本操作

【学习目标】

1. 了解 Tableau 的基本操作。
2. 熟悉维度和度量、连续和离散、数据及视图导出的相关操作。

【能力目标】

1. 了解 Tableau 的基本操作，培养自主学习能力。
2. 熟悉 Tableau 基本操作的步骤，培养实践能力。

【思政目标】

熟悉 Tableau 基本操作的步骤，培养严谨的科学精神。

【思维导图】

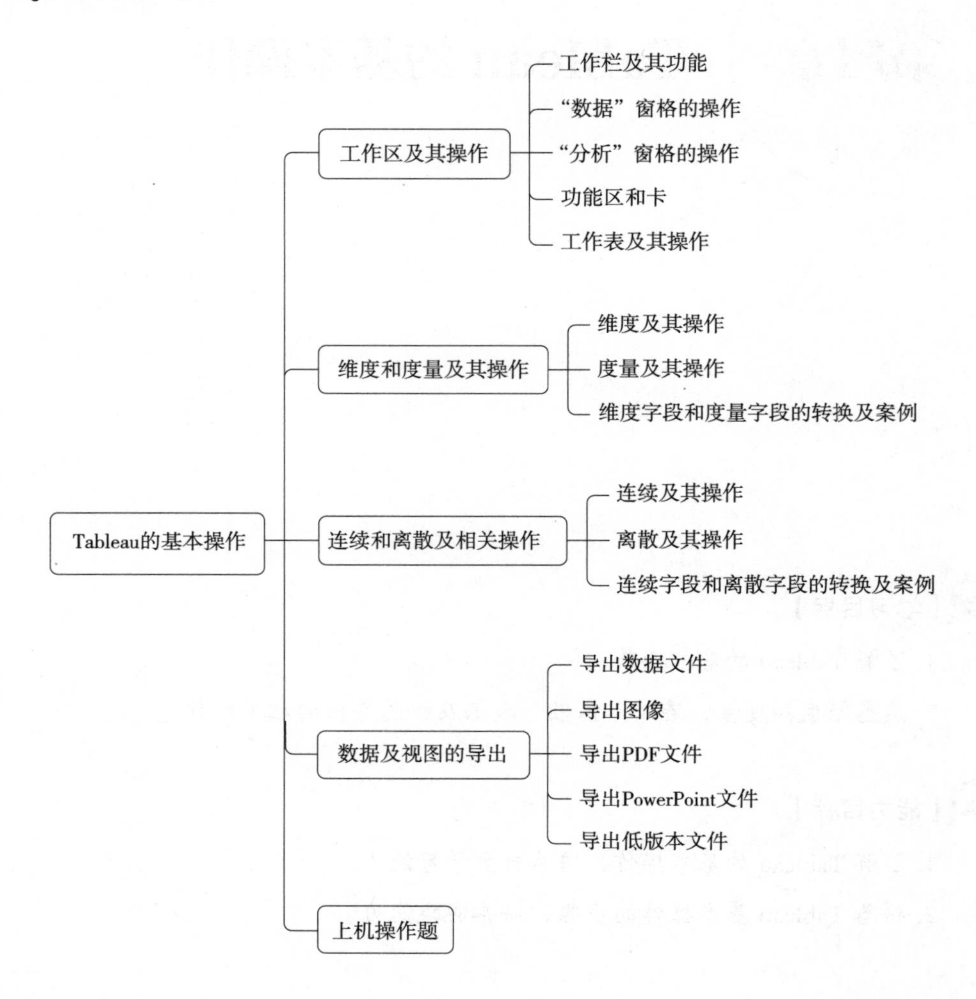

第一节　工作区及其操作

一、工具栏及其功能

Tableau 的工具栏包含“连接到数据”“新建工具表”“保存”等按钮，还包含“排序”“分组”“突出显示”等分析和导航工具，如图 4–1 所示。执行“窗口”→“显示工具栏”命令可隐藏或显示工具栏，如图 4–2 所示。工具栏有助于使用者快速访问常用工具和简化操作，如表 4–1 所示为工具栏中每个按钮的功能说明。

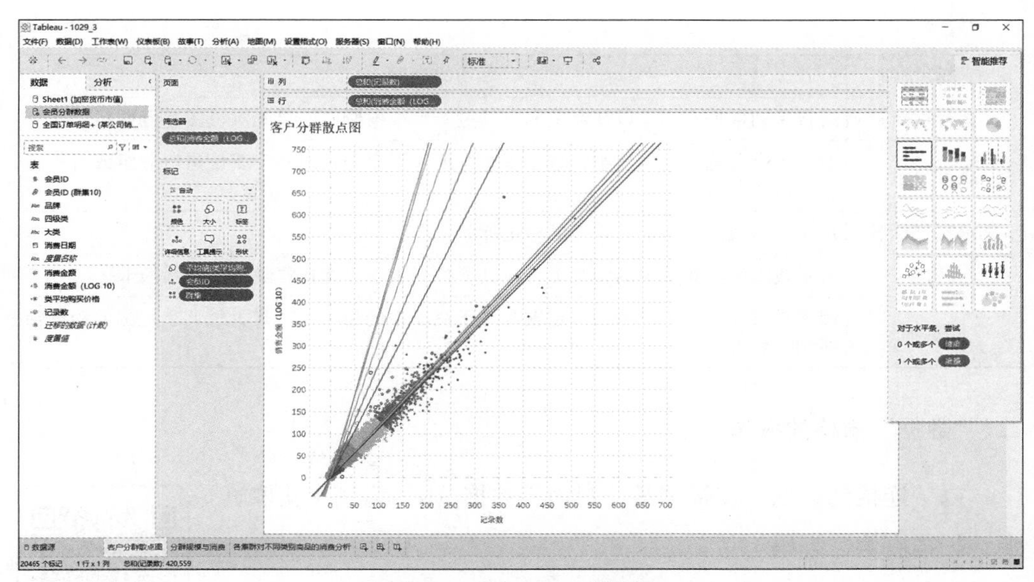

图 4–1 Tableau 工作界面

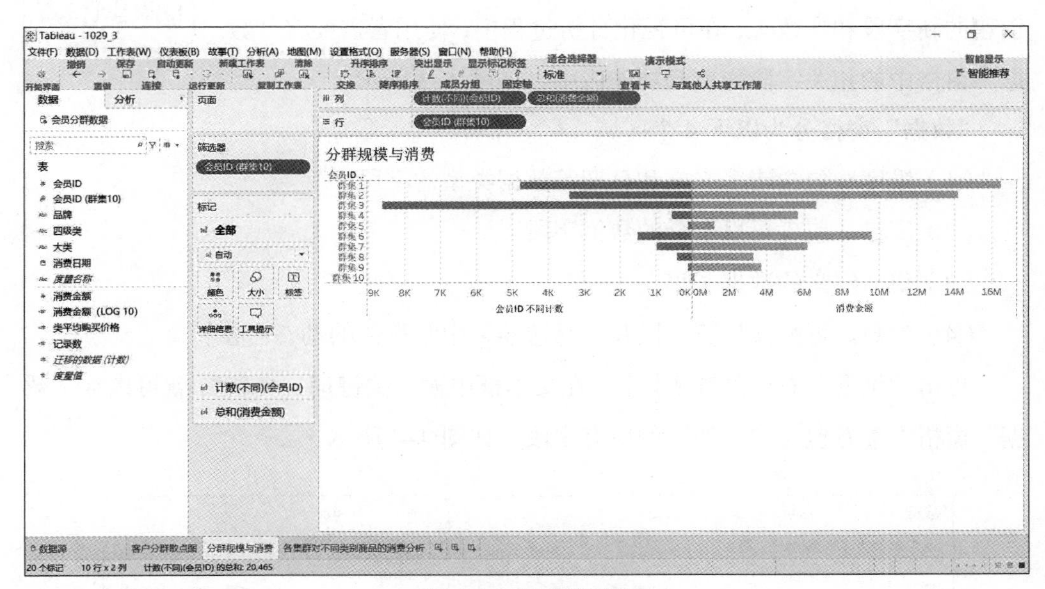

图 4–2 界面指示图

表 4–1 工具栏按钮及其功能说明

工作栏按钮	功能说明
清除	清除当前工作表，通过其下拉列表可清除视图中的特定部分，如筛选器、格式设置、大小调整和轴范围
自动更新	设置更改后是否自动更新视图，通过其下拉列表可自动更新整个工作表，或者仅使用“筛选器”

续表

工作栏按钮	功能说明
运行更新	运行手动数据查询，以便在关闭自动更新后根据所做的更改对视图进行更新
成员分组	通过组合所选项目创建组，选择多个维度时可令项目对特定维度进行分组或对所有维度进行分组
显示标记标签	用于显示或隐藏当前工作表的标记标签
查看卡	显示或隐藏工作表中的特定卡，在其下拉列表中可选择要隐藏或显示的卡
固定轴	用于在仅显示特定范围的锁定轴和基于视图中的最小值、最大值调整范围的动态轴间切换状态

二、“数据”窗格的操作

以“连接到数据”连接“某公司销售数据.xls”为例（获取资源请扫描右侧二维码）。

工作区左侧的“数据”窗格用于显示数据源中的已有字段、创建的新字段和参数等，在可视化分析过程中，使用者需要将“数据”窗格中的相关字段拖曳到功能区中，如图 4–3 所示。

“数据”窗格分为以下 4 个区域。

（1）维度。包含诸多文本和日期等数据类型的字段。

（2）度量。包含可以聚合的数值字段。

（3）集。定义的数据子集。

（4）参数。可替换计算字段和“筛选器”中常量值的动态占位符。

单击“维度”右侧的搜索按钮，在文本框中输入关键词“消费”，就可以在“数据”窗格中查看包含“消费”的所有字段，如图 4–4 所示。

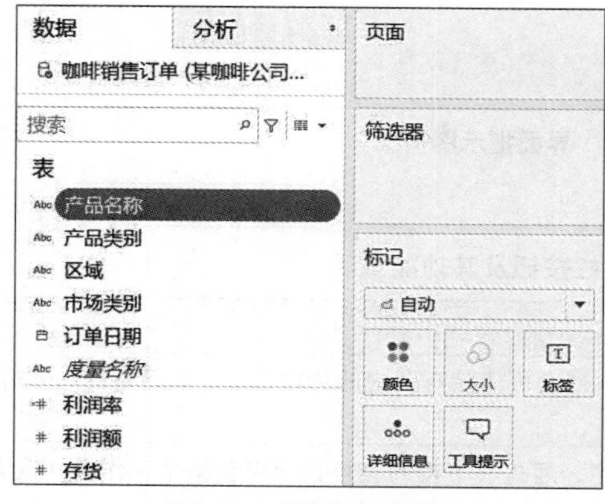

图 4–3 “数据”窗格

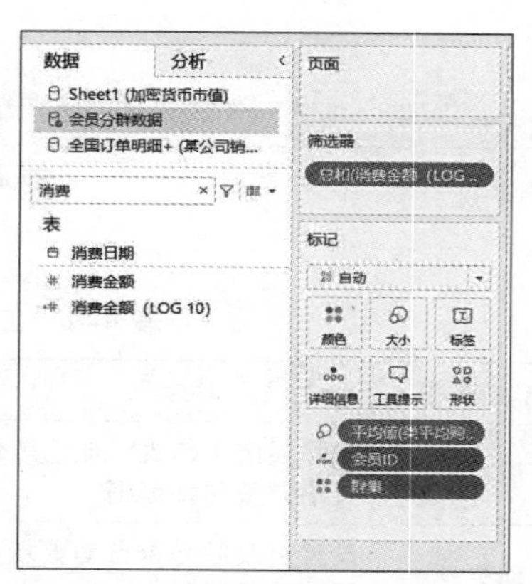

图 4–4 在“数据”窗格中搜索字段

单击“维度”右侧的“查看数据”按钮可以查看基础数据，如图 4–5 所示。

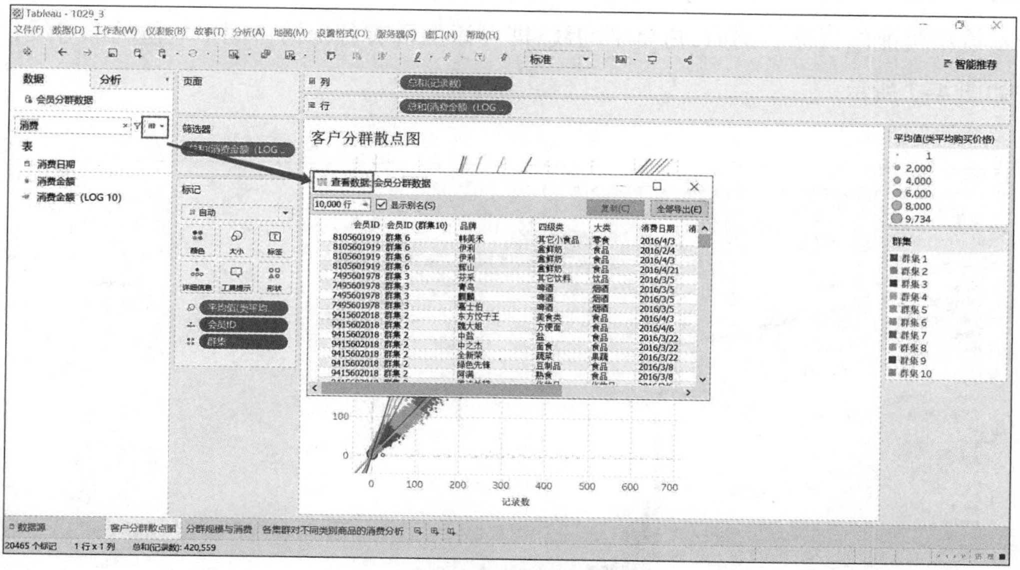

图 4–5　查看基础数据

三、“分析”窗格的操作

根据可视化视图的不同，使用者可以从工作区左侧的“分析”窗格中将常量线、平均线、含四分位点的中值、盒须图（即箱型图）等拖入数据视图中，如图 4–6 所示。

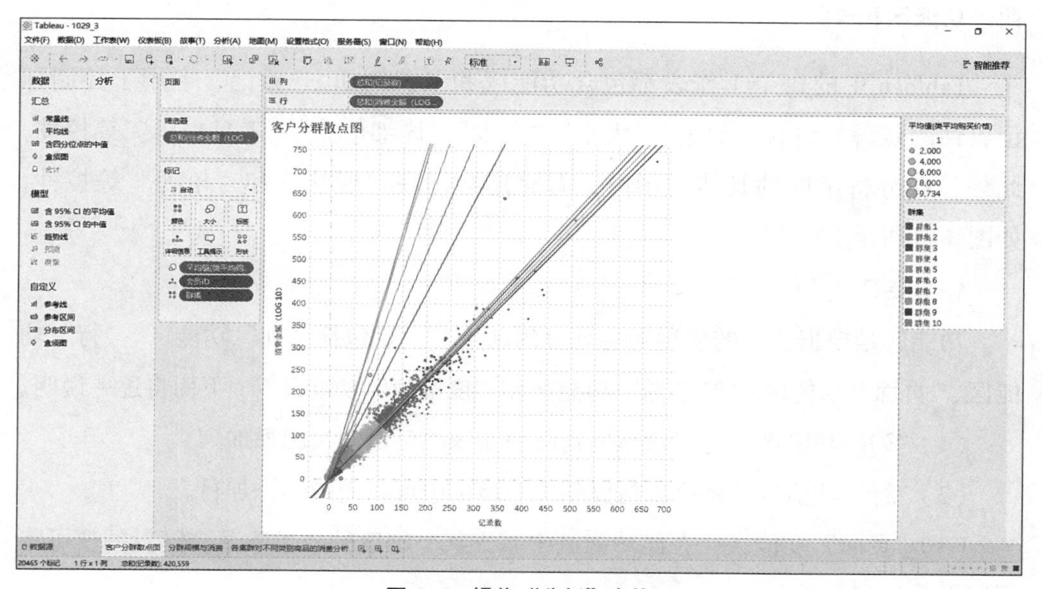

图 4–6　操作“分析”窗格

如果需要从“分析”窗格中添加某项,则可以将该项拖曳至数据视图中。从“分析”窗格中拖曳到某项数据视图时，Tableau 会在数据视图左上方的目标区域中显示该项可能的目标。例如,拖曳平均线,即可添加所有月份销售额平均值的参考线，如图 4–7 所示。

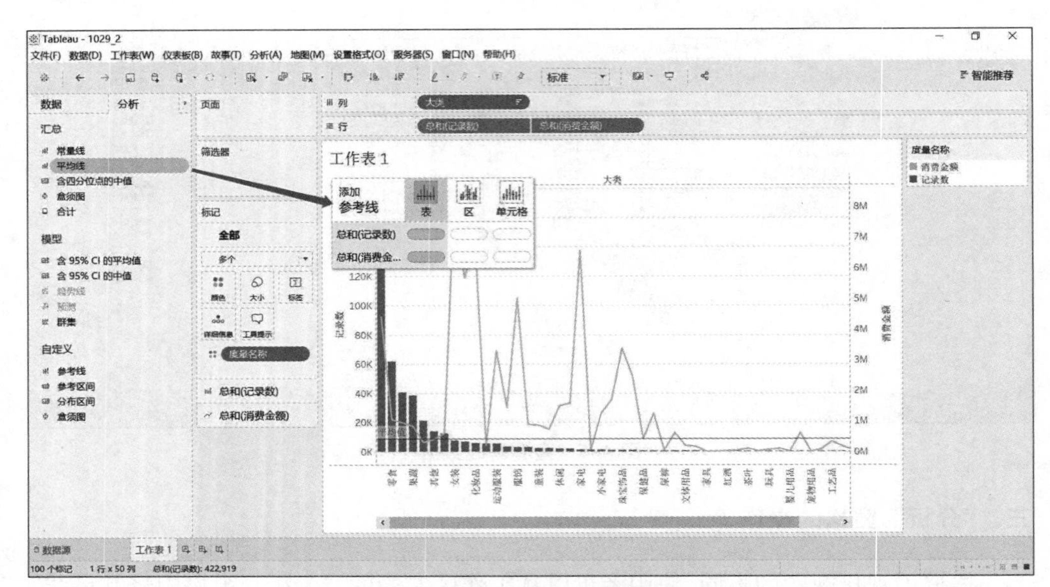

图 4–7 从“分析”窗格中添加项

四、功能区和卡

Tableau 中的每个工作表都包含功能区和卡。例如，“标记”卡用于控制标记属性的位置，包含“颜色”“大小”“文本”“详细信息”“工具提示”等控件，此外，在分析不同的具体视图时，有时还会出现“形状”和“角度”等控件，如图 4–8 所示。

1. 功能区

功能区是根据软件的使用功能划分的区域，主要包括“列”功能区、“行”功能区、“页面”功能区、“筛选器”功能区和“度量值”功能区等，下面将逐一说明。

（1）“列”功能区。将字段拖曳到此功能区中可以向视图添加列。

（2）“行”功能区。将字段拖曳到此功能区中可以向视图添加行。

（3）“页面”功能区。在此功能区中基于某个维度的成员或某个度量的值可将视图拆分为多个页面。

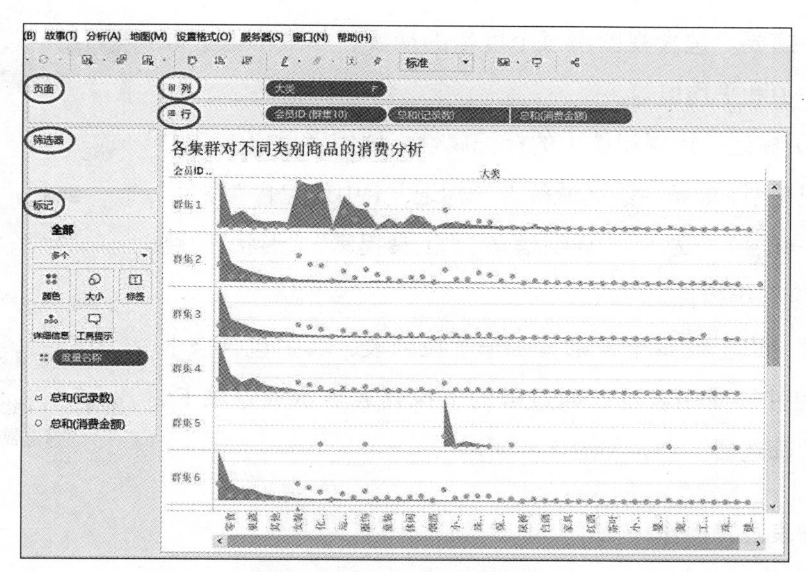

图 4–8　Tableau 功能区和卡

（4）“筛选器”功能区。使用此功能区可指定视图中包括的值。

（5）“度量值”功能区。使用此功能区可在一个轴上融合多个度量，需注意此功能区仅当视图中有混合轴时才可用。

2. 卡

卡是功能区、图例和其他控件的容器，每个工作表都包含各种各样的卡，下面将逐一说明。

（1）颜色图例。包含视图中颜色的图例，仅当“颜色”上至少有一个字段时才可用。

（2）形状图例。包含视图中形状的图例，仅当“形状”上至少有一个字段时才可用。

（3）尺寸图例。包含视图中标记尺寸大小的图例，仅当“大小”上至少有一个字段时才可用。

（4）地图图例。包含地图上的符号和模式的图例，注意不是所有地图提供程序都支持地图图例。

（5）筛选器。应用于视图的筛选器，可以在视图中轻松地包含和排除数值。

（6）参数。包含用于更改参数值的控件。

（7）标题。包含视图的标题，双击此卡可修改标题。

（8）说明。包含描述该视图的一段说明，双击此卡可修改说明。

（9）摘要。包含视图中每个度量的摘要，如最小值、最大值、中值和平均值等。

（10）标记。控制视图中的标记属性，使用者可以在其中指定标记类型（如条、线、区域等）。“标记”卡中还包含“颜色”“大小”“标签”“文本”“详细信息”“工具提示”“形状”“路径”“角度”等控件。

此外，以上的每个卡都有一个下拉列表，其中包含该卡的常见控件，使用者可以通过卡的下拉列表显示和隐藏卡，如隐藏“筛选器”卡，如图 4–9 所示。

图 4–9 Tableau 隐藏“筛选器”卡

五、工作表及其操作

工作表是 Tableau 制作可视化视图的区域，在工作表中，将字段拖曳到功能区可以生成数据视图，这些工作表将以标签的形式沿工作簿底部显示。

1. 创建工作表

使用者可以使用以下几种方法创建一个新工作表。

（1）执行“工作表”→“新建工作表”命令，如图 4–10 所示。

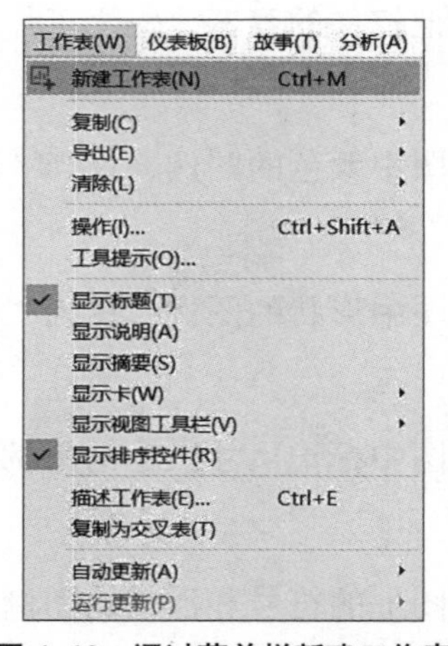

图 4–10 通过菜单栏新建工作表

（2）单击工作簿底部的“新建工作表”按钮，或者右击空白处，在弹出的快捷菜单中选取“新建工作表”选项，如图 4–11 所示。

（3）单击工具栏中的“新建工作表”按钮，如图 4–12 所示。

（4）通过快捷键创建，即按“Ctrl+M”组合键。

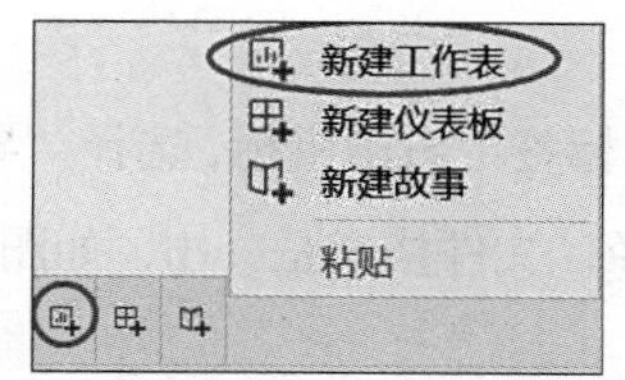

图 4-11 维度和度量及相关操作　　图 4-12 通过工具栏新建工作表

2. 复制工作表

复制工作表可以快速得到工作表、仪表板或故事的副本，还可以在不丢失原始视图的情况下备份工作表。例如，要复制“工作表 1”，右击“工作表 1”标签，选择“复制”选项,在工作簿底部将会出现与“工作表 1”内容一样的“工作表 2”，如图 4-13 所示。

如果需要“拷贝”选项，那么还需要再右击“工作表 1”标签，选择“粘贴”选项才会出现与“工作表 1”内容一样的“工作表 1（2）”。

注：“拷贝”选项可以在不同的 Tableau 页面中使用，而“复制”选项仅能用于同一个 Tableau 页面中。

交叉表是一个以文本行和列的形式汇总数据的表，如果要在视图中快速创建交叉表，可以右击“工作表 1”标签，选择“复制交叉表”选项。也可以在菜单栏中执行“工作表”→“复制交叉表”命令，如图 4-14 所示，执行此命令后可以向工作簿中插入一个新的数据交叉表。

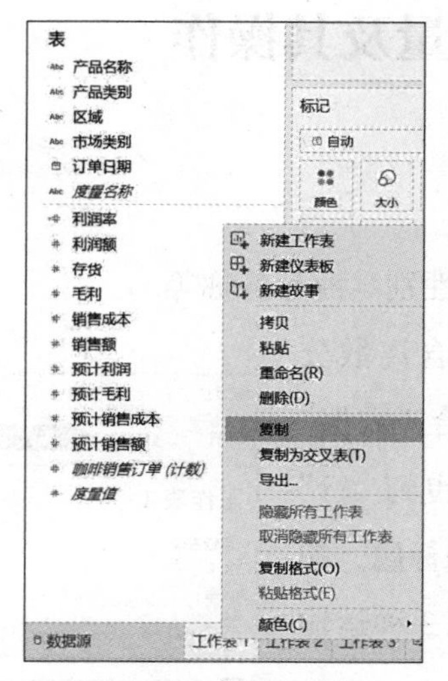

图 4-13 复制工作表

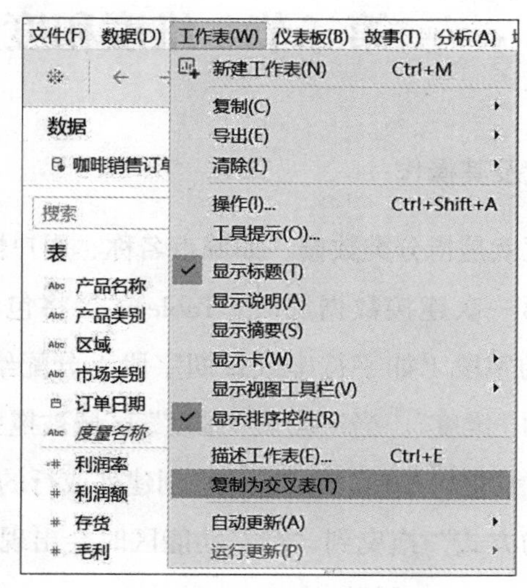

图 4-14 创建交叉表

3. 导出工作表

如果需要导出工作表，可以在该工作表的标签上右击鼠标，选择“导出”选项，此时将允许使用者选择导出工作表的保存路径，文件格式是 .twb，如图 4–15 所示。

4. 删除工作表

删除工作表会将工作表从工作簿中移除。若要删除工作表，则可以右击工作簿底部该工作表的标签，选择“删除”选项，如图 4–16 所示。

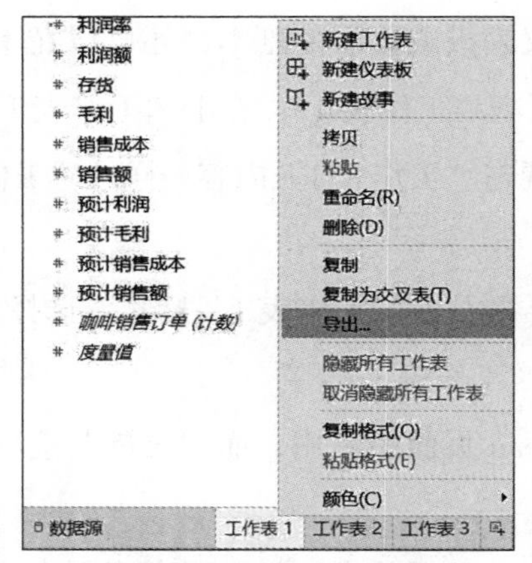

图 4–15　导出工作表

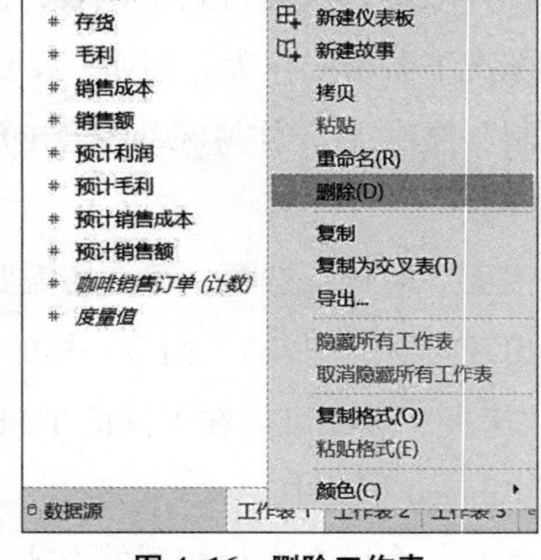

图 4–16　删除工作表

注：在仪表板或故事中正被使用的工作表是无法被删除的，但其可以被隐藏。一个工作簿中至少要有一个工作表，这个工作表也无法被删除。

第二节　维度和度量及其操作

一、维度及其操作

维度就是指分类数据，如城市名称、用户性别、商品名称等。

在第一次连接数据源时，Tableau 会将包含离散分类信息的字段（如字符串或日期字段）分配给“数据”窗格中的“维度”。当字段从“维度”区域被拖曳到“行”或“列”功能区中时，Tableau 将创建列或行的标题，如将“运输方式”拖曳到“行”功能区时会出现 3 种运输方式，如图 4–17 所示。

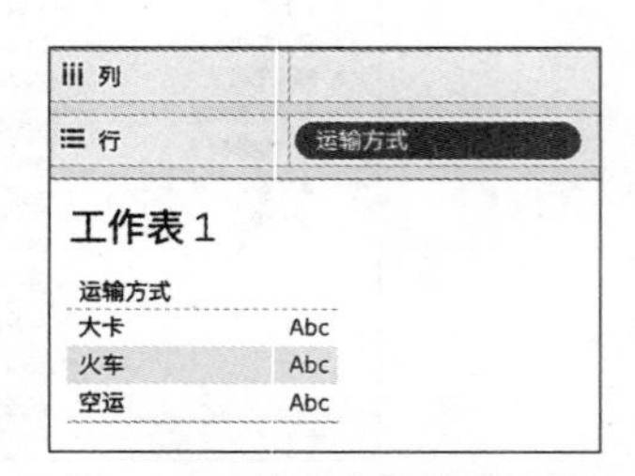

图 4–17　维度字段的可视化

二、度量及其操作

度量就是指定量数据，如客户的年龄、商品的销售额和利润额等。

第一次连接数据源时，Tableau 会将包含数值信息的字段分配给“数据”窗格中的“度量”。将字段从“度量”区域拖曳到“行”或“列”功能区时，Tableau 将创建连续轴，并创建一个默认的数据展示样式，此时使用者可以根据需要对其进行修改，如图 4–18 所示。

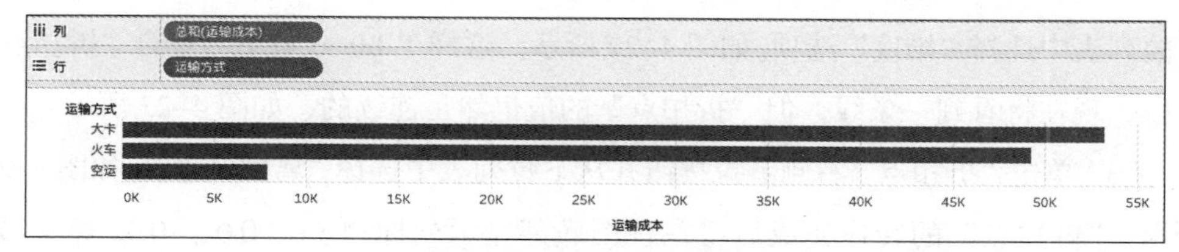

图 4–18　度量字段的可视化

注意：Tableau 始终会对度量类型的字段进行聚合，无论该字段为连续型还是离散型。

三、维度字段和度量字段的转换及案例

Tableau 允许使用者根据数据可视化分析的需要对维度或度量字段进行类型的相互转换。下面将结合案例对该操作详细介绍，如对“订单数量”和“折扣点”字段进行类型转换。

1. 将“数据”窗格中的度量字段转换为维度字段

将度量字段转换为维度字段可以使用的方法如下。

（1）选择该字段并将其从“数据”窗格的“度量”区域拖曳到“维度”区域，如图 4–19 所示。

（2）在“数据”窗格中右击该字段，选择“转换为维度”选项，如图 4–20 所示。

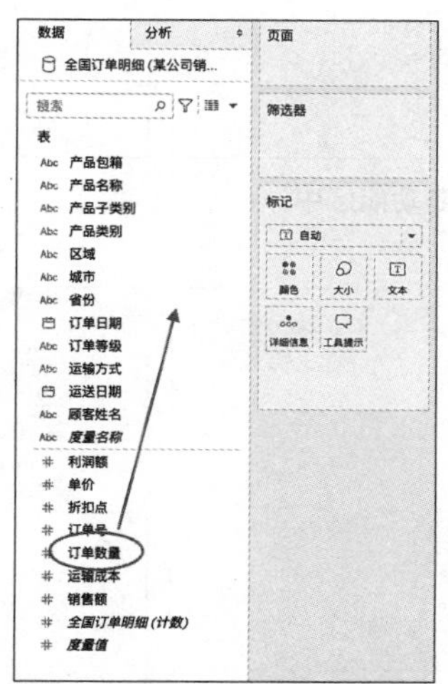

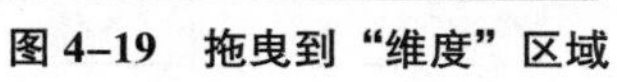

图 4–19　拖曳到“维度”区域

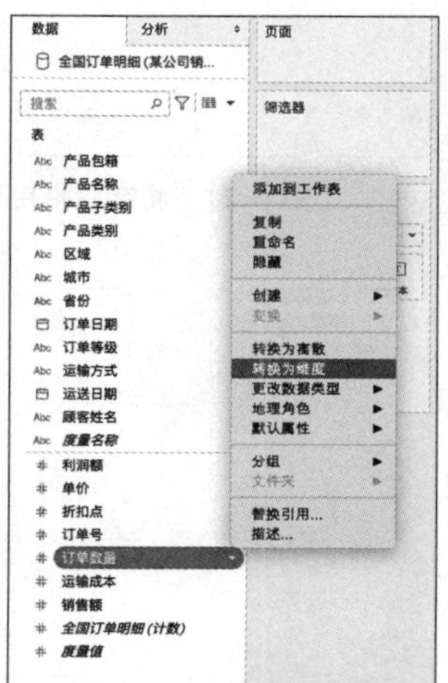

图 4–20　选择“转换为维度”选项

2. 将可视化视图中的度量字段转换为离散维度字段

由于“折扣点”字段是数值型数据，在连接数据源时，Tableau 会将其分配给“数据”窗格中的“度量”。将其转换为维度字段的操作步骤如下。

（1）将“销售额”拖曳到“行”功能区，将“折扣点”拖曳到“列”功能区，Tableau 将默认显示一个散点图，以总和的形式聚合“折扣点”和“销售额”，如图 4–21 所示。

（2）若要将“折扣点”视为维度字段，则需要单击其右侧的下拉按钮，并从下拉列表中选择“维度”选项，如图 4–22 所示。这样 Tableau 将不会聚合“折扣点”字段，现在将看到一条线，但“折扣点”的值仍然是连续的，如图 4–23 所示。

（3）单击“折扣点”右侧下拉按钮并从下拉列表中选择“离散”选项，如图 4–24 所示。“折扣点”的转换完成后将在视图底部显示列标题（0、0.01、0.02 等），如图 4–25 所示。

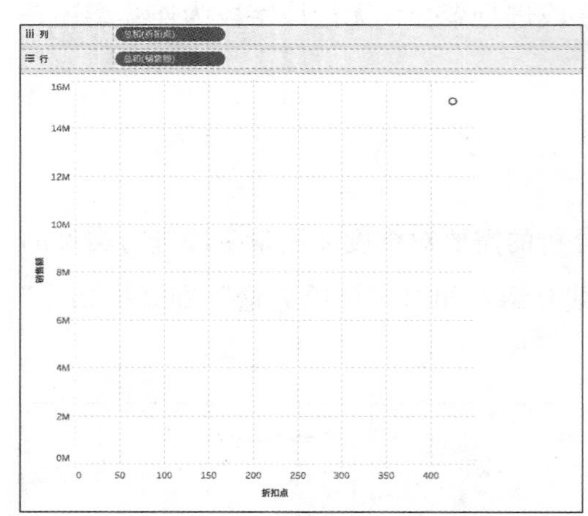

图 4–21　将字段拖曳到功能区中

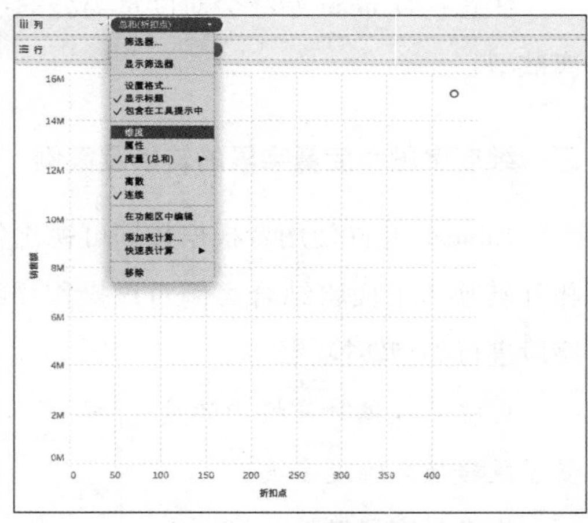

图 4–22　转换为维度

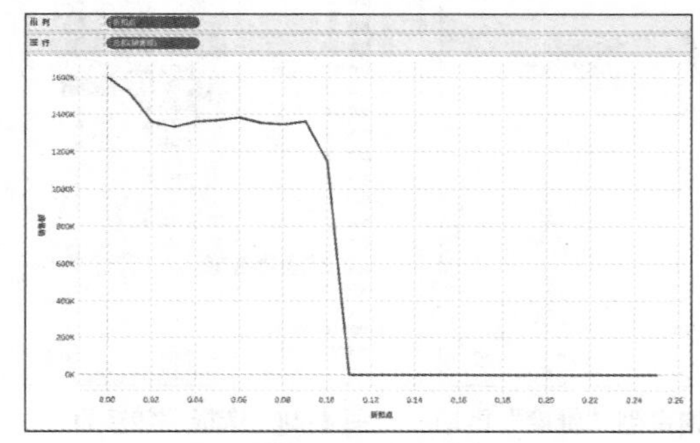

图 4–23　解聚字段

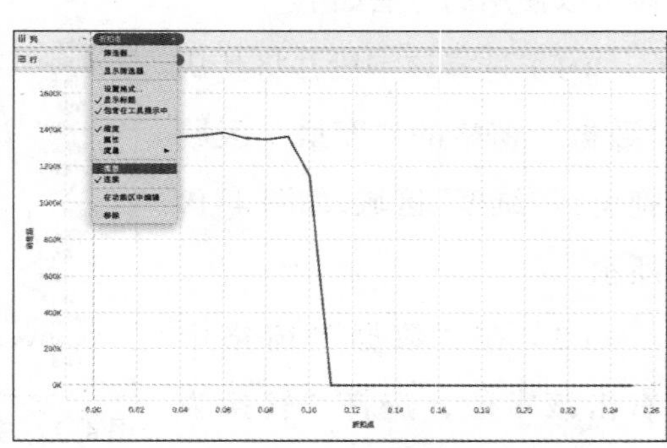

图 4–24　转换为离散

（4）美化视图，如隐藏视图标题等，如图 4-26 所示。

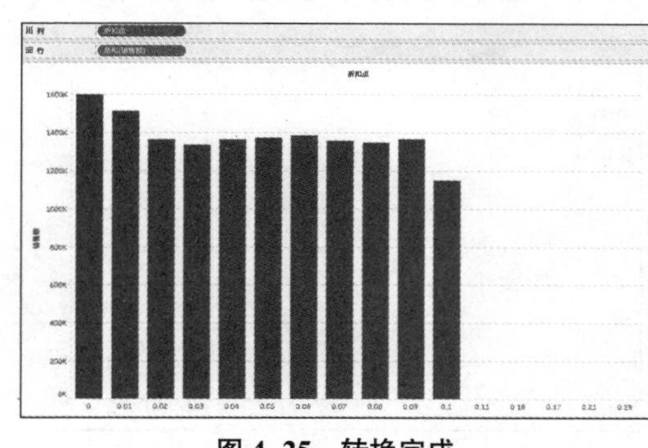

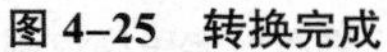

图 4-25 转换完成

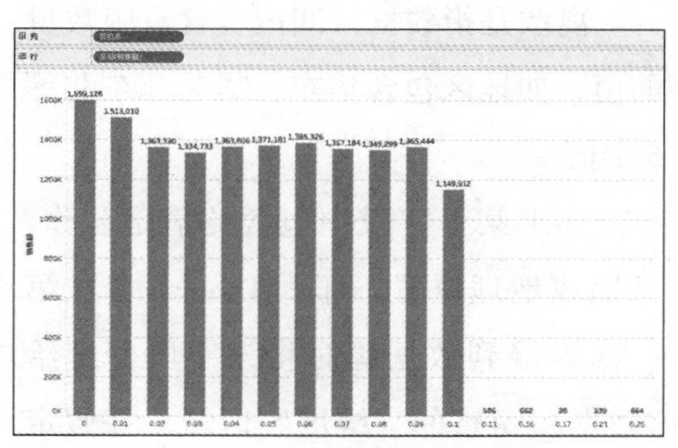

图 4-26 美化视图

第三节 连续和离散及相关操作

一、连续及其操作

连续是指可以包含无限数量值的区间，如商品的销售额可以是某个数字区间内的任何值。

如果字段中包含加总、求平均值或其他方式聚合的数字，那么在第一次连接数据源时，Tableau 会假定这些值是连续的，并将该字段分配给“数据”窗格的“度量”区域。

当字段从“度量”区域被拖曳到“行”或“列”功能区时，其会显示一系列实际值。将连续字段拖曳到“行”或“列”功能区后，Tableau 会显示一个轴，这个轴是最小值和最大值之间的度量线，如将“运输成本”字段拖曳到“列”功能区，如图 4-27 所示。

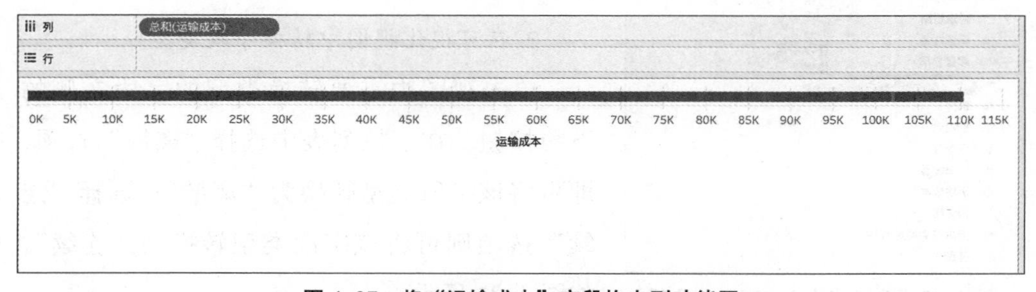

图 4-27 将“运输成本”字段拖曳到功能区

二、离散及其操作

离散是指数据区间内包含有限数量的值，如地区包含华东、华北和东北等6个值。

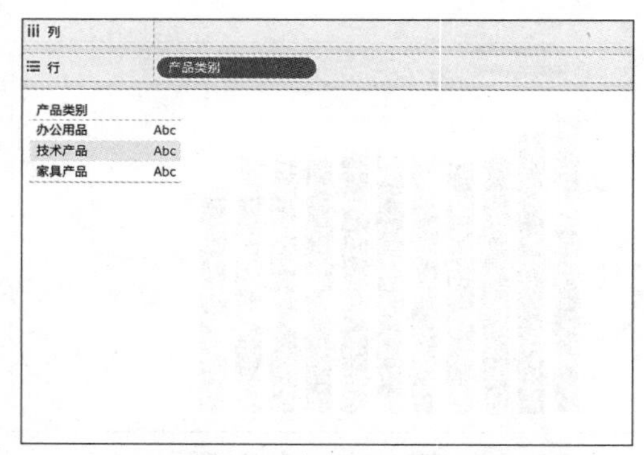

图 4–28　将离散字段拖曳到功能区中

如果某个字段中包含的值是名称、日期或地理位置，那么 Tableau 会在第一次连接到数据源时将该字段分配给“数据”窗格的“维度”区域，并假定这些值是离散的。当使用者把离散字段拖曳到“列”或“行”功能区中时，Tableau 会创建标题，如将“产品类别”拖曳到“行”功能区，如图 4–28 所示。

三、连续字段和离散字段的转换及案例

Tableau 支持根据数据可视化分析的需要对连续或离散字段进行类型的互相转换。下面将结合案例对该操作进行详细的介绍。

1. 在“数据”窗格中转换字段类型

要转换“数据”窗格中的字段类型，可以右击该字段，然后选择“转换为离散”或“转换为连续”选项。

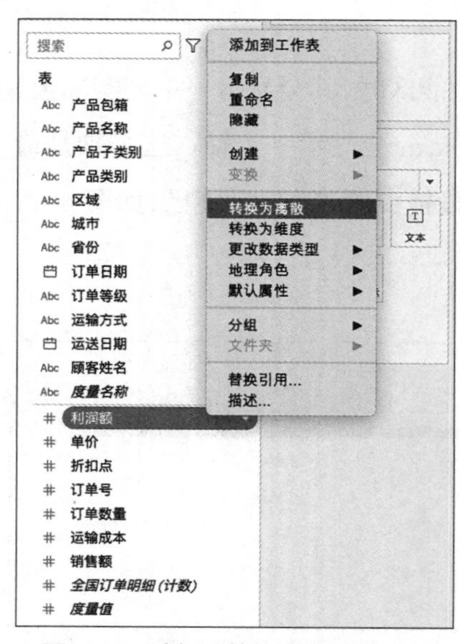

图 4–29　选择“转换为离散”选项

例如，需要将“利润额”字段的类型修改为离散型，可右击“利润额”字段并选择“转换为离散”选项，如图 4–29 所示。如果需要将“运送日期”字段的类型修改为连续型，则可以右击“运送日期”字段，选择“转换为连续”选项，如图 4–30 所示。

2. 在可视化视图中转换字段类型

单击视图中需要转换类型的字段右侧的下拉按钮，在下拉列表中选择“离散”选项，即可将该字段类型转换为“离散”；选择“连续”选项则可将该字段类型转换为“连续”，如图 4–31 所示。

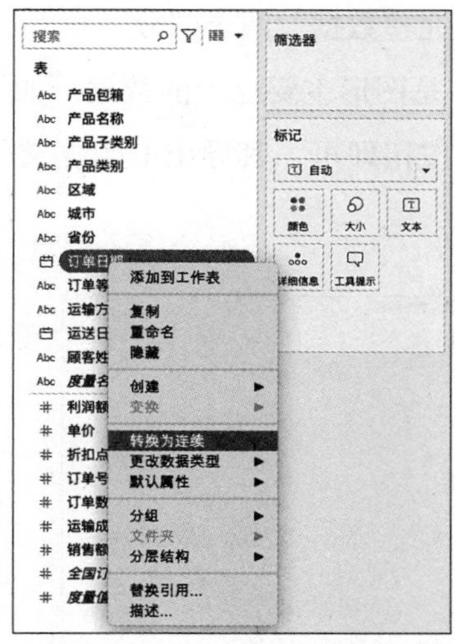

图 4–30　选择“转换为连续”选项

图 4–31　选择“连续”选项

第四节　数据及视图的导出

一、导出数据文件

工作中经常需要导出视图中的数据，该功能可以通过“查看数据”选项实现。在 Tableau Desktop 视图上右击鼠标，选择“查看数据”选项，如图 4–32 所示。

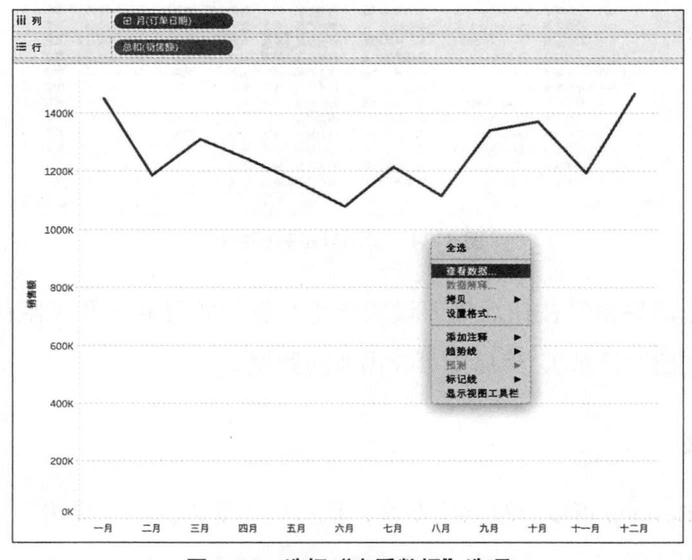

图 4–32　选择“查看数据”选项

“查看数据”界面分为“摘要”和“完整数据”两个部分。

（1）“摘要”是数据源数据的概况，是图形主要点上的数据。如果要导出相应数据，那么单击右上方的“全部导出”按钮即可，其导出的数据文件格式是文本文件（以逗号分隔），如图 4–33 所示。

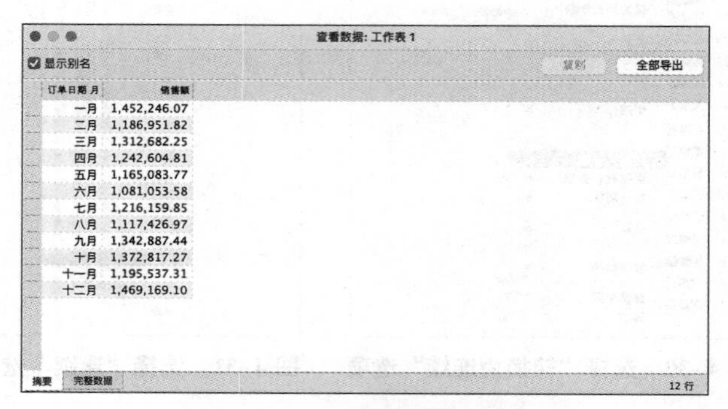

订单日期 月	销售额
一月	1,452,246.07
二月	1,186,951.82
三月	1,312,682.25
四月	1,242,604.81
五月	1,165,083.77
六月	1,081,053.58
七月	1,216,159.85
八月	1,117,426.97
九月	1,342,887.44
十月	1,372,817.27
十一月	1,195,537.31
十二月	1,469,169.10

图 4–33 全部导出摘要数据

（2）“完整数据”是 Tableau 连续数据源的全部数据，其还同时添加了“记录数”字段。如果要导出相应数据，那么同样单击右上方的“全部导出”按钮即可，导出的数据文件格式也是文本（以逗号分隔），如图 4–34 所示。

查看数据: 工作表 1

8,568 行 显示别名 显示所有字段 复制 全部导出

订单日期 月	产品包箱	产品名称	产品子类别	产品类别	区域	城市	省份	订单日期	订单等级
十月	大型箱子	Eldon Base for ...	容器，箱子	办公用品	华北	石家庄	河北	2014/10/13	低级
二月	小型包裹	Kleencut® For...	剪刀，尺子，锯	办公用品	华南	郑州	河南	2016/2/20	其它
七月	中型箱子	Tenex Contem...	办公装饰品	家具产品	华南	汕头	广东	2015/7/15	高级
七月	巨型纸箱	KI Conference ...	桌子	家具产品	华北	呼和浩特	内蒙古	2015/7/15	高级
七月	中型箱子	Bell Sonecor JB...	电话通信产品	技术产品	华北	呼和浩特	内蒙古	2015/7/15	高级
七月	小型包裹	Imation 3.5 IB...	电脑配件	技术产品	东北	沈阳	辽宁	2015/7/15	高级
十月	打包纸袋	Dixon Ticonde...	笔、美术用品	办公用品	东北	长春	吉林	2015/10/22	其它
十月	小型箱子	CF 688	电话通信产品	技术产品	华南	武汉	湖北	2015/10/22	其它
十一月	小型箱子	6162i	电话通信产品	技术产品	华南	郑州	河南	2015/11/2	中级
三月	小型包裹	Verbatim DVD-...	电脑配件	技术产品	华南	南宁	广西	2015/3/17	中级
一月	打包纸袋	Newell 340	笔、美术用品	办公用品	华北	北京	北京	2013/1/19	低级
六月	小型包裹	Advantus Empl...	办公装饰品	家具产品	西北	兰州	甘肃	2013/6/3	其它
六月	打包纸袋	Newell 308	笔、美术用品	办公用品	华南	汕头	广东	2013/6/3	其它
十二月	打包纸袋	Super Bands, 1...	橡皮筋	办公用品	华南	汕头	广东	2014/12/17	低级
十二月	小型箱子	3285	电话通信产品	技术产品	华北	北京	北京	2014/12/17	低级
四月	小型箱子	SC7868i	电话通信产品	技术产品	华北	北京	北京	2013/4/16	高级

摘要 完整数据 8,568 行

图 4–34 全部导出完整数据

单击“全部导出”按钮后需要设置导出数据的路径和名称（默认路径是本地计算机的“文档”目录），然后即可导出所需数据。

二、导出图像

Tableau Desktop 可以直接导出图像，执行“工作表”→“导出”→“图像”命令，如图 4–35 所示。

在弹出的“导出图像”对话框→“显示”选项组中选择需要显示的信息，在“图像选项”选项组中选择需要显示的样式，如图 4–36 所示。

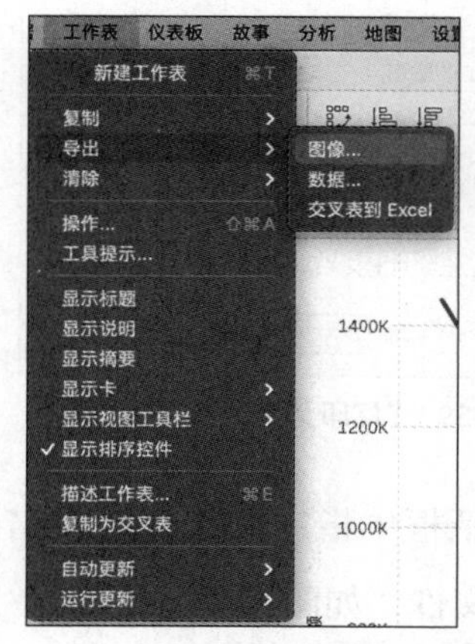

图 4–35　通过菜单栏直接导出图像

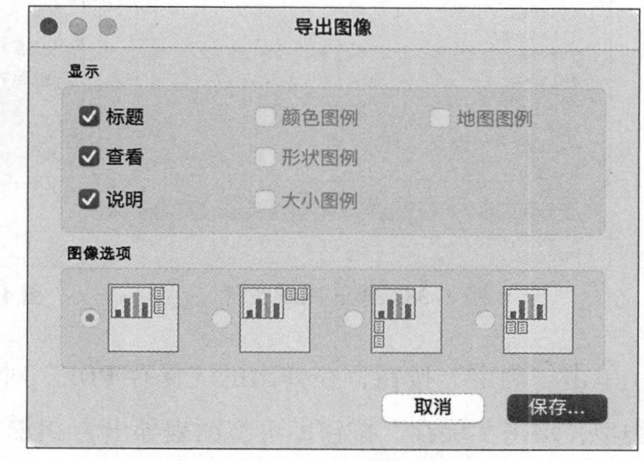

图 4–36　“导出图像”对话框

单击“保存”按钮，在弹出的“保存图像”对话框中指定文件名、存放格式和保存路径，如图 4–37 所示。Tableau 在 macOS 系统上支持 3 种图像格式，即可移植网络图形（.png）、Windows 位图（.bmp）和 JPEG 图像（.jpg、.jpeg、.jpe、.jfif）。在 Windows 系统上其还支持导出增强图元文件（.emf）格式。

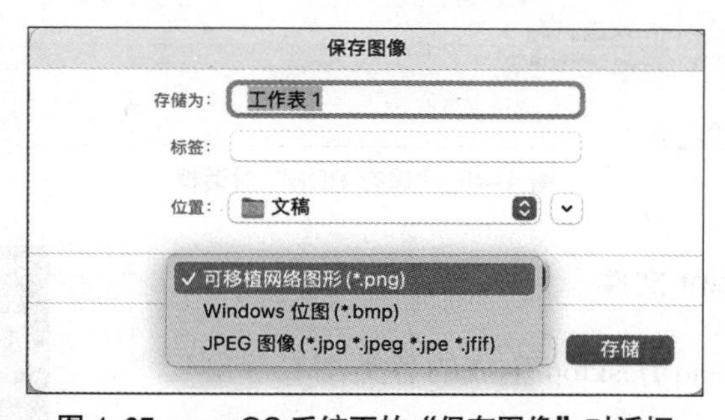

图 4–37　macOS 系统下的“保存图像”对话框

三、导出 PDF 文件

如果要将 Tableau Desktop 生成的各类图表导出为 PDF 文件，可以执行“文件”→“打印为 PDF”命令，如图 4–38 所示。

在弹出的“打印为 PDF”对话框中，用户可以设置打印的“范围”“纸张尺寸”及其他选项，如图 4–39 所示。

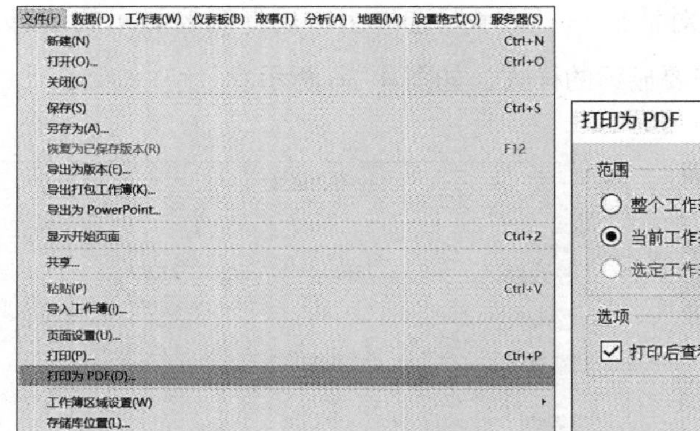

图 4-38　导出 PDF 文件

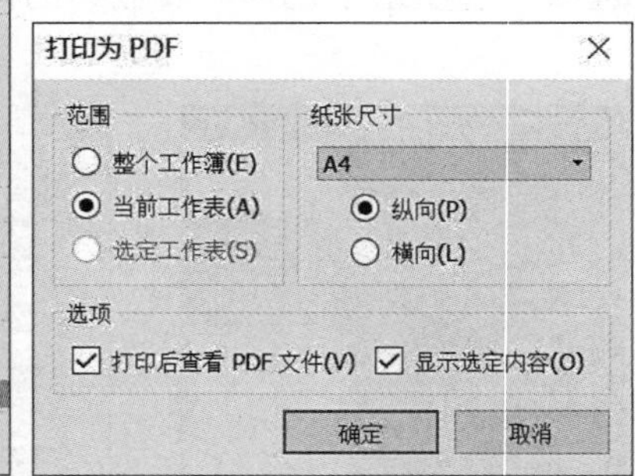

图 4-39　“打印为 PDF”对话框

单击“确定”按钮，在弹出的“保存 PDF”对话框中指定 PDF 的文件名和保存类型，单击“保存”按钮即可将图表导出为 PDF 文件，如图 4-40 所示。

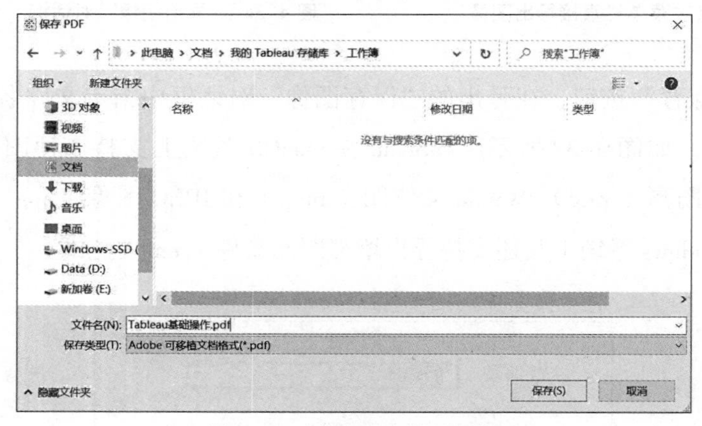

图 4-40　“保存 PDF”对话框

四、导出 PowerPoint 文件

如果要将 Tableau Desktop 生成的各类图表导出为 PowerPoint 文件，则可以执行“文件”→“导出为 PowerPoint”命令，如图 4-41 所示。

在弹出的“导出 PowerPoint”对话框中设置需要导出的视图或工作表等，单击“导出”按钮，如图 4-42 所示。

在弹出的“保存 PowerPoint”对话框中指定 PowerPoint 的文件名和保存类型即可。

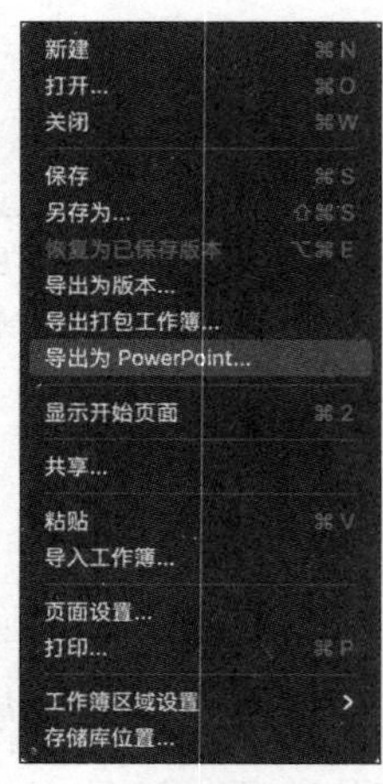

图 4-41　导出 PowerPoint 文件

五、导出低版本文件

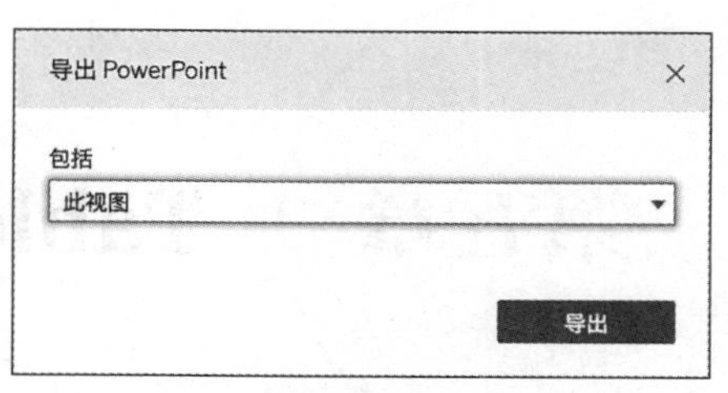

图 4–42 “导出 PowerPoint”对话框

在工作中，经常会需要与同事共享数据可视化视图，但是 Tableau Desktop 的版本更新速度较快，各版本之间仅向下兼容，不向上兼容。如果某人使用的是较高的版本，而其同事们使用的却是较低的版本，那么此人共享的数据可视化视图可能无法被同事们正常打开。

Tableau 可以将较高版本的数据可视化视图导出为较低版本，此时需执行“文件”→“导出为版本”命令，如图 4–43 所示。注意：如果版本差距较大，某些功能和可视化特征可能会丢失。

在弹出的“导出为版本”对话框中，用户可以设置需要导出的版本，单击“导出”按钮即可，如图 4–44 所示。

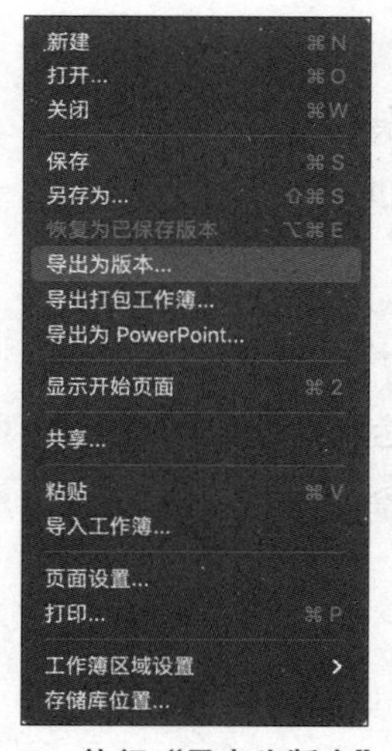

图 4–43 执行“导出为版本”命令

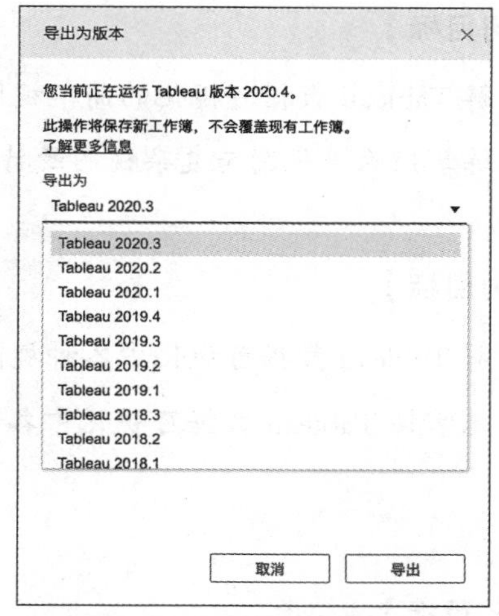

图 4–44 “导出为版本”对话框

上机操作题

（1）用 Tableau 导入 Excel 文件，将表中度量字段转换为维度字段，再将之导出为 PDF 文件。

（2）用 Tableau 导入 Excel 文件，再将表中的连续字段转换为离散字段。

第五章 Tableau 数据可视化

【学习目标】

1. 了解 Tableau 数据可视化的简单视图与复杂视图。

2. 熟练掌握简单视图与复杂视图的特征与运用。

【能力目标】

1. 了解 Tableau 数据可视化中各种视图的概念与特征，培养辩证思维能力。

2. 熟练掌握 Tableau 数据可视化中各种视图的运用，培养分析问题和解决问题的能力。

【思政目标】

1. 了解 Tableau 数据可视化中各种视图的概念与特征，培养辩证唯物主义世界观。

2. 熟练掌握对 Tableau 数据可视化中各种视图的运用，培养科学决策观。

【思维导图】

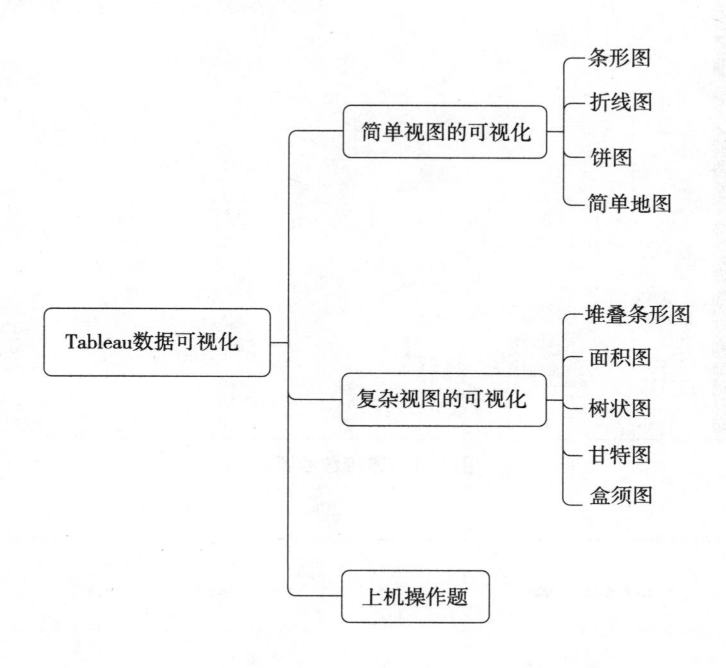

第一节　简单视图的可视化

一、条形图

条形图一般被用在展示数值大小的场景中，其可以直观地展示各项数据的大小差异。条形图分水平条形图和垂直条形图两种，用户可根据使用需要进行设置。

下面以“A 公司 2021 年一季度销售数据 .xls”为例进行展示，具体操作步骤如下。

（1）连接“A 公司 2021 年一季度销售数据 .xls”（获取资源请扫描右侧二维码）。

根据数据源类型选择对应的文件类别，这里选用的数据源为 Excel 表格，因此单击“Microsoft Excel”选项，如图 5-1 所示。

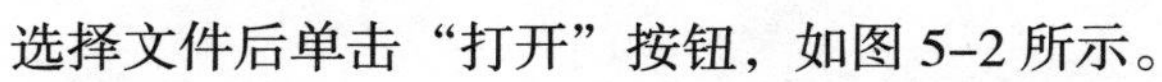

选择文件后单击“打开”按钮，如图 5-2 所示。

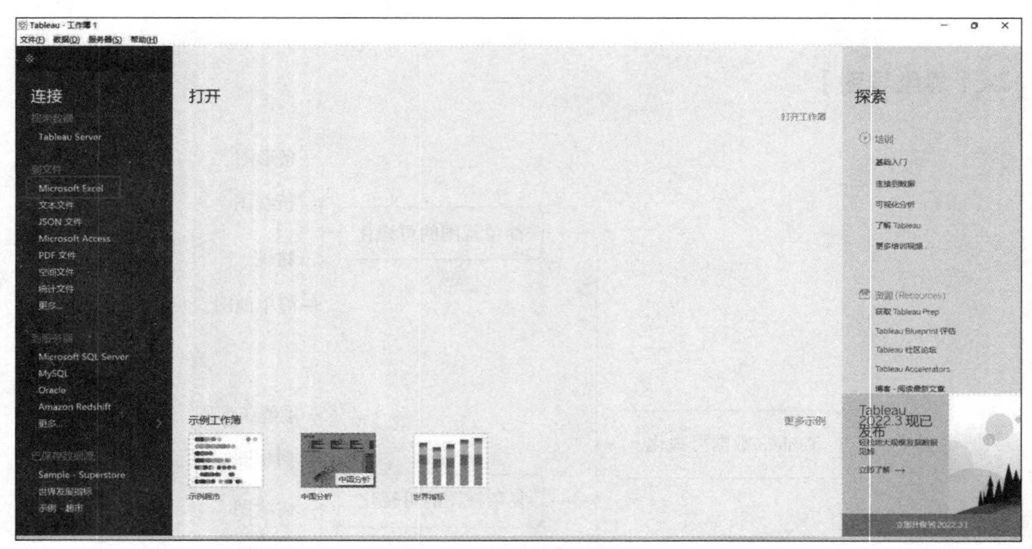

图 5–1 连接数据源 1

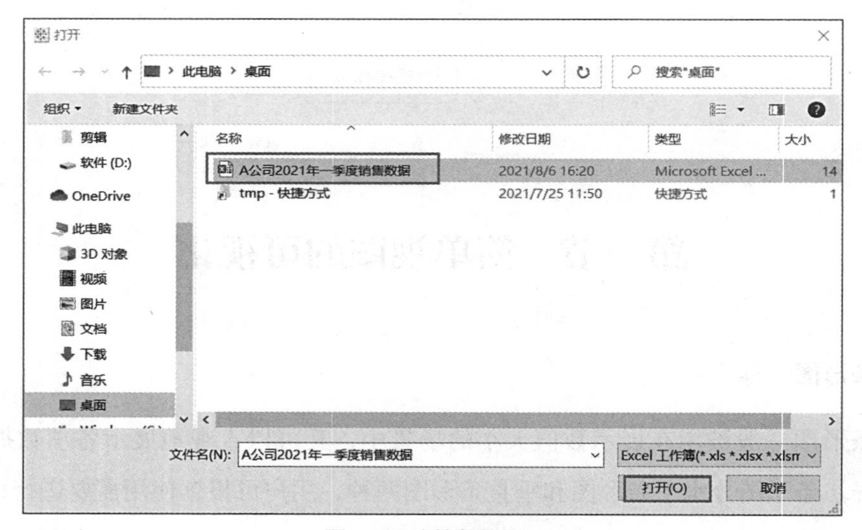

图 5–2 连接数据源 2

（2）如图 5–3 所示，进入程序之后单击窗口左下方的“工作表 1”，将之转换到如图 5–4 所示的 Tableau 工作表界面。

（3）思考要展示的图形效果，将维度和度量下面的名称拖曳到行或列的位置。如果要展示各地区的销售情况，那么可将“销售地区”和“销售额”分别拖曳到行或列的位置，如图 5–5 所示。

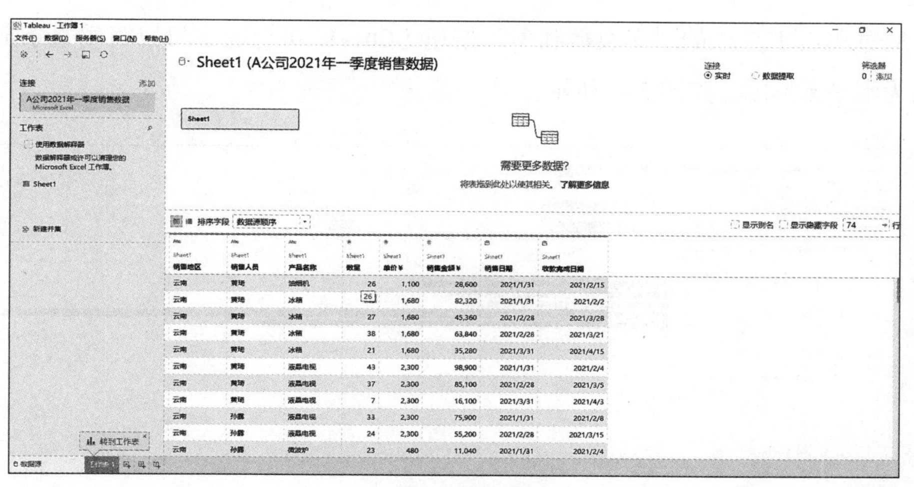

图 5–3　转换界面

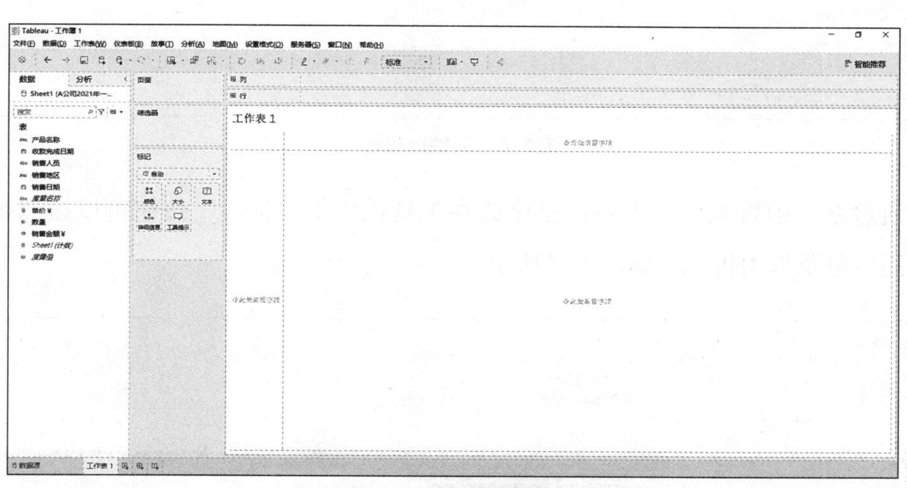

图 5–4　创建视图界面

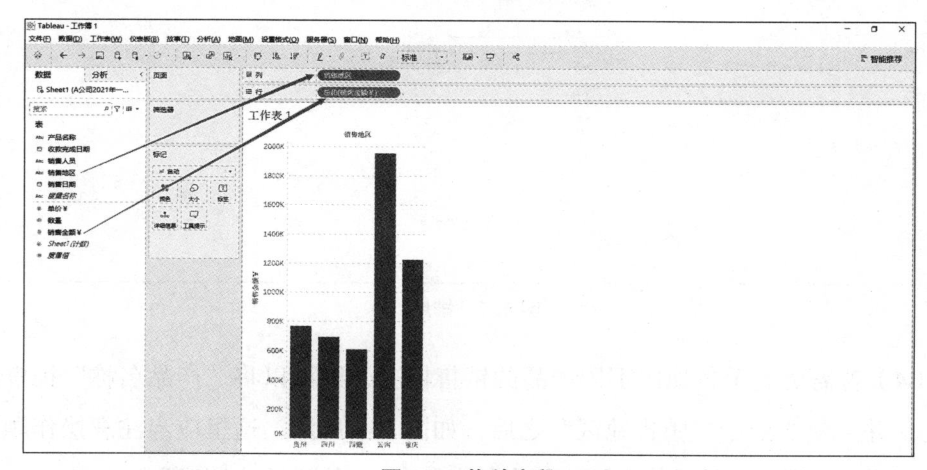

图 5–5　拖放字段

通过单击工具栏的“交换行和列”按钮（Ctrl+W 组合键）可以将垂直条形图转换为水平条形图，如图 5–6 所示。

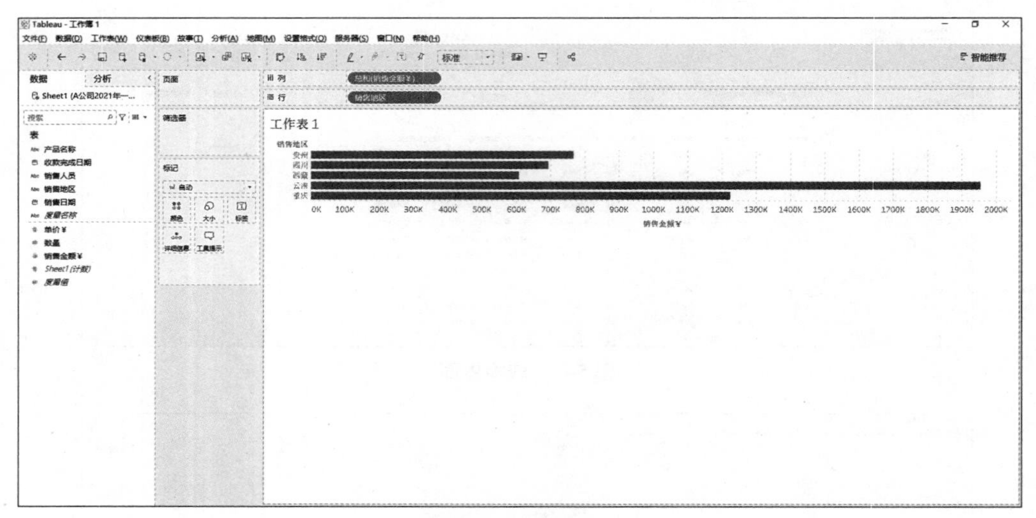

图 5–6　交换行和列

通过在“销售地区”上右击排序或在工具栏单击“排序”按钮可以按照销售金额高低将条形图排序，如图 5–7 所示。

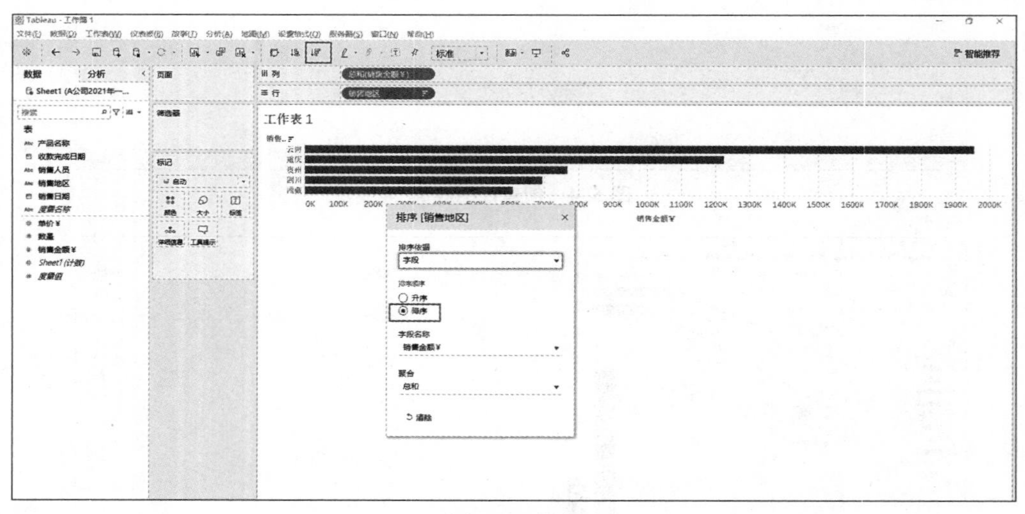

图 5–7　排序

（4）若需要展示各地区不同产品的销售情况，则可以将“产品名称”拖曳到列上，并且使之处于“销售地区”之后，如图 5–8 所示。这里应当注意操作顺序不能颠倒，否则呈现效果将会被改变为各产品在不同地区的销售情况。

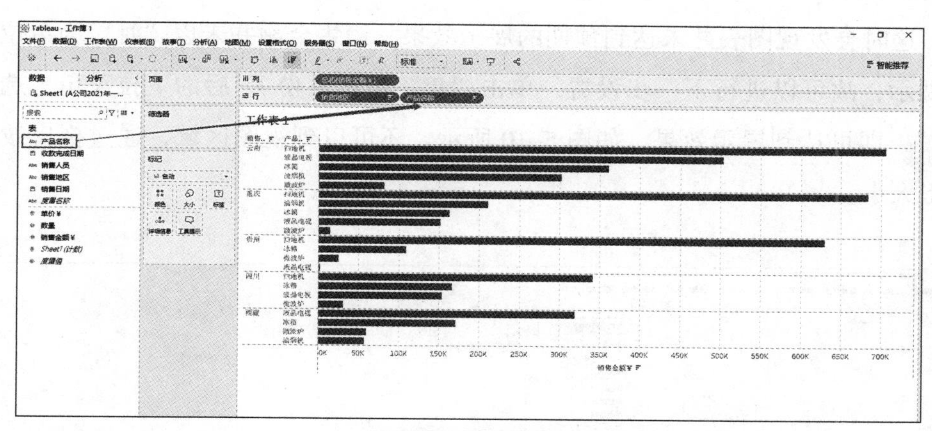

图 5–8 添加字段

二、折线图

折线图一般用于展示数据随时间发展而呈现出的增减变化趋势，这种增减变化的时间间隔一般相等。这里可根据人们观看折线图的习惯将折线图横轴设为时间、竖轴设为数值。

下面以“A 公司 2021 年一季度销售数据 .xls”为例进行展示，具体操作步骤如下。

（1）连接“A 公司 2021 年一季度销售数据 .xls”数据文件。

（2）单击窗口左下方的“工作表 1”，转换到 Tableau 工作表界面。

（3）思考要展示的图形效果，将维度和度量下面的名称拖曳到行或列的位置。如要展示各个产品 2021 年 1~3 月的销售金额变化情况，那么可将“产品名称”“销售金额”拖曳到行上，将“销售日期”拖曳到列上，如图 5–9 所示。

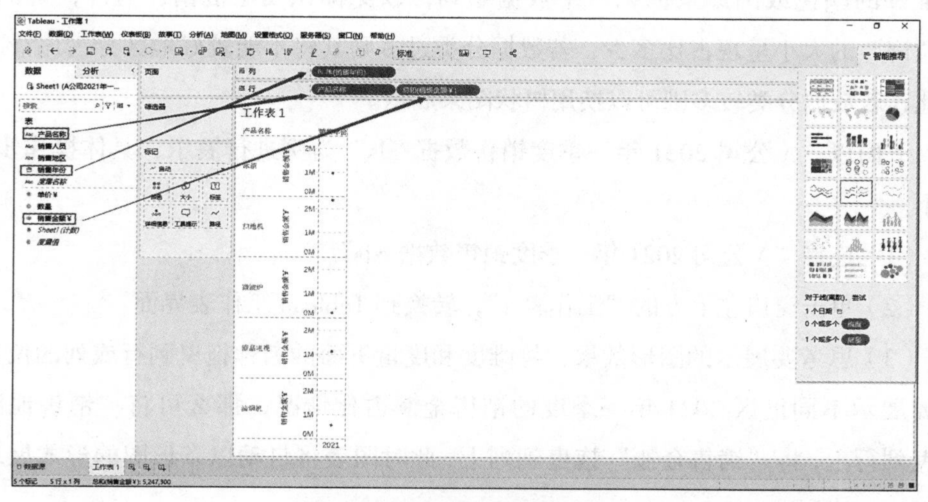

图 5–9 拖放字段

这时会发现图表并未达到预期的展示效果，销售金额并未以“月”为单位进行展示，故可以进行下一步设置，单击“年（销售月份）”后的下拉菜单，选择“月”，即可达到展示效果，如图 5-10 所示。还可以到视图区域，通过拖曳改变图形大小。

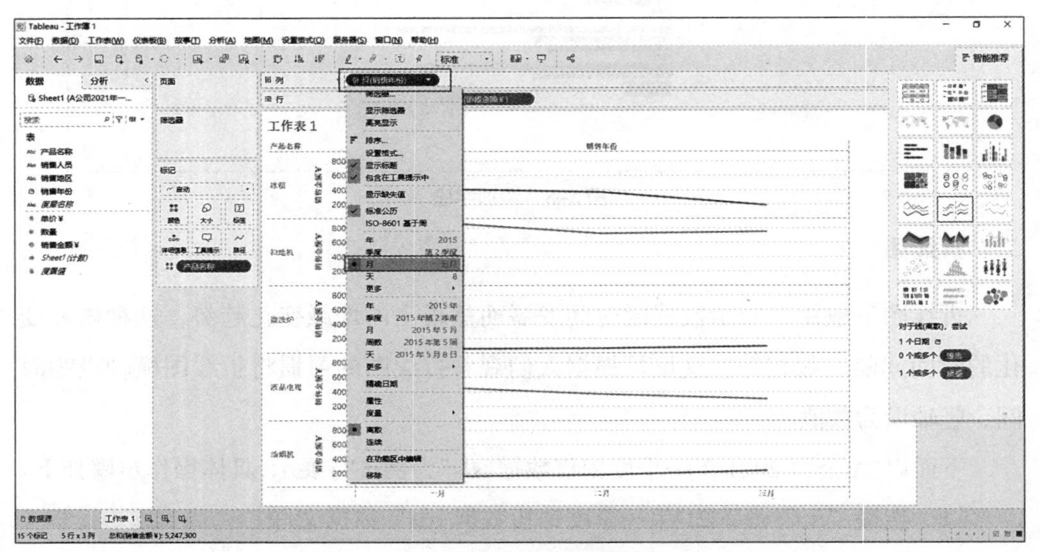

图 5-10　修改日期间隔

三、饼图

饼图一般用于呈现数据占比的情况。需要注意的是，在同一个饼图中，需使用唯一的颜色或图案来标识一个数据系列，以免标识发生混淆；另外，饼图通过“饼”的大小呈现占比多少，若数据分类过多则其将不能较好地区分占比情况，因此，若数据分类较多则可以换用树状图来展示。

下面以“A 公司 2021 年一季度销售数据 .xls”为例进行展示，具体操作步骤如下。

（1）连接“A 公司 2021 年一季度销售数据 .xls”。

（2）单击窗口左下方的“工作表 1”，转换到 Tableau 工作表界面。

（3）思考要展示的图形效果，将维度和度量下面的名称拖曳到行或列的位置。如要展示不同地区 2021 年一季度的销售金额占比情况，那么可将“销售地区”拖曳到行上，将“销售金额”拖曳到列上，此时图表将自动以条形图的形式展现，如图 5-11 所示。

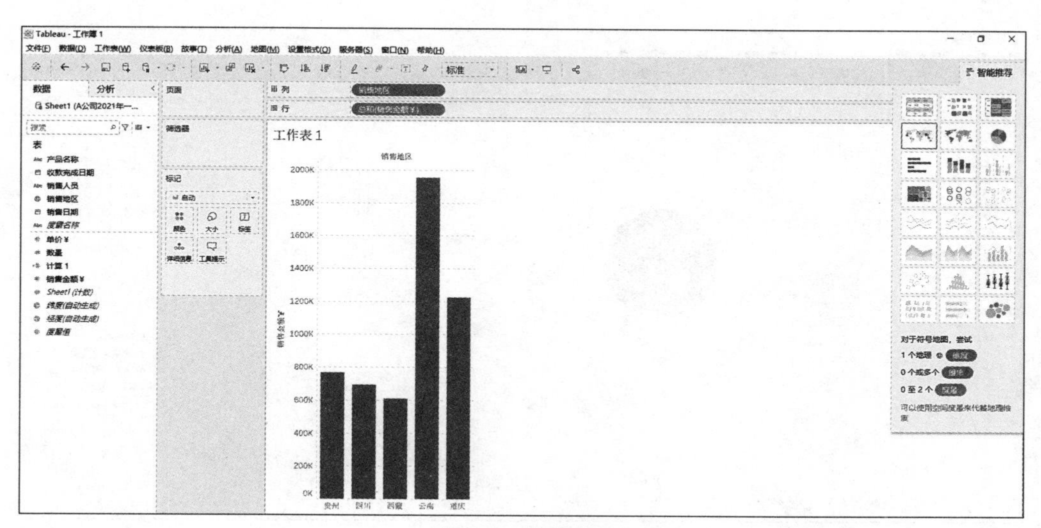

图 5–11　拖放字段

单击工具栏右侧的“饼图”，则图表将以饼图的形式呈现，如图 5–12 所示。若图形太小，可以按 Ctrl+Shift+B 组合键将之扩大，调整到合适大小。

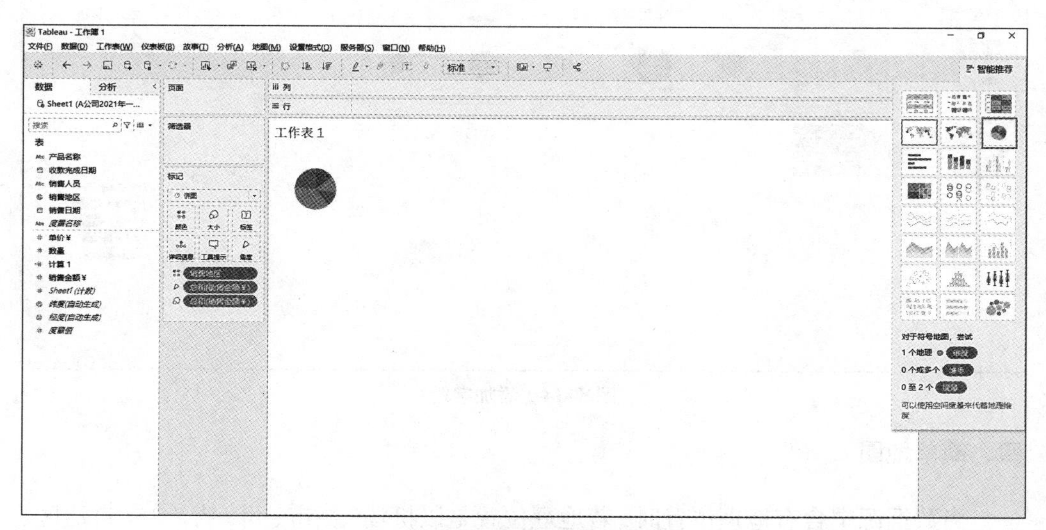

图 5–12　选择视图类型

饼图一般需要标明各个颜色所代表的类别，方法是将类别名称（即“销售地区”）拖曳到“标记”下的“标签”上，如图 5–13 所示。

“A 公司 2021 年一季度销售数据 .xls”这一数据源还标明了产品名称，如果需要呈现各个产品在不同地区的销售占比情况，可以将“产品名称”拖曳到列上，以快速看到展示效果，如图 5–14 所示。

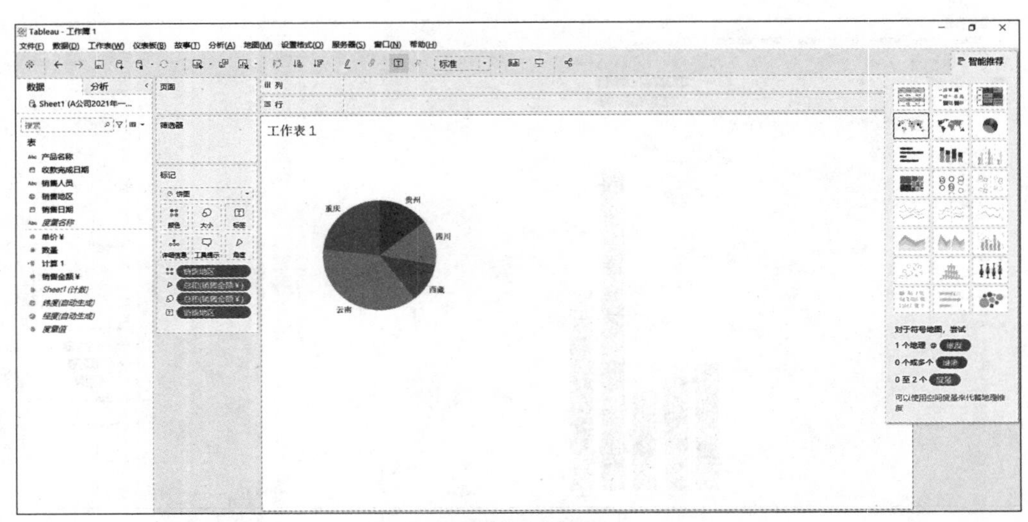

图 5–13　添加标签

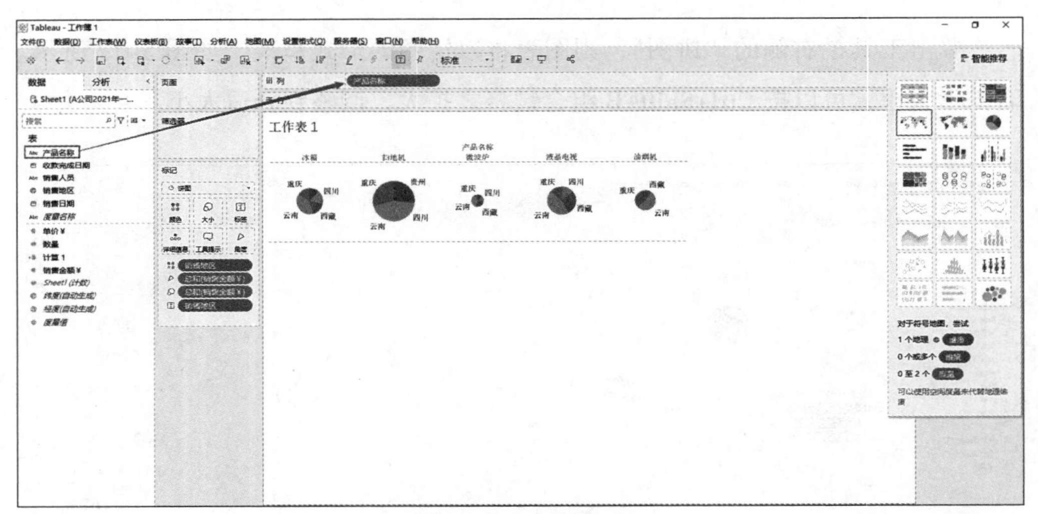

图 5–14　添加字段

四、简单地图

当数据源中含有地理位置时，若地理位置是以机场、城市、州 / 省 / 市 / 自治区、邮政编码等方式表示，则可以通过赋予“地理角色”的方法将之呈现为简单地图。其中，点位地图将通过“点”的大小呈现量的多少，填充地图则会通过颜色深浅呈现量的多少。

下面以“A 公司 2021 年一季度销售数据 .xls”为例进行展示，具体操作步骤如下。

（1）连接“A 公司 2021 年一季度销售数据 .xls”。

（2）单击窗口左下方的“工作表 1”，转换到 Tableau 工作表界面。

（3）右击表明地理位置的字段（此处为“销售地区”），在下拉菜单中单击“地理角色”，再选择“州 / 省 / 市 / 自治区”，若是其他类型选择对应选项即可，如图 5–15 所示。

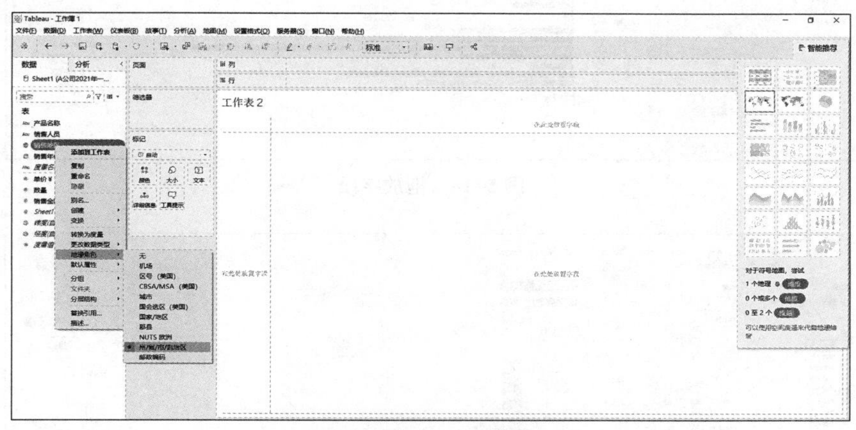

图 5–15　选择地理角色

第二节　复杂视图的可视化

一、堆叠条形图

堆叠条形图可以被理解为是条形图的一种延伸，当类别下含子类别时，若需要展示子类别的情况，则可以借助堆叠条形图将之实现，通过不同的颜色区分各个子类别的量。

例如，在实现“A 公司 2021 年一季度销售数据 .xls”源文件的可视化效果时，需要呈现不同产品在各个地区的销售情况，操作步骤如下。

（1）连接“A 公司 2021 年一季度销售数据 .xls”。

（2）单击窗口左下方的“工作表 1”，转换到 Tableau 工作表界面。

（3）将“产品名称”“销售地区”拖曳到行上，将“销售金额”拖曳到列上，如果此时展示效果达到预期，则可以不进行下一步，即以条形图呈现，如图 5–16 所示。

如果需要进一步简化图表，可以单击工具栏“堆叠条”，再将“产品名称”拖曳到标记栏下的“标签”位置，如图 5–17 所示。

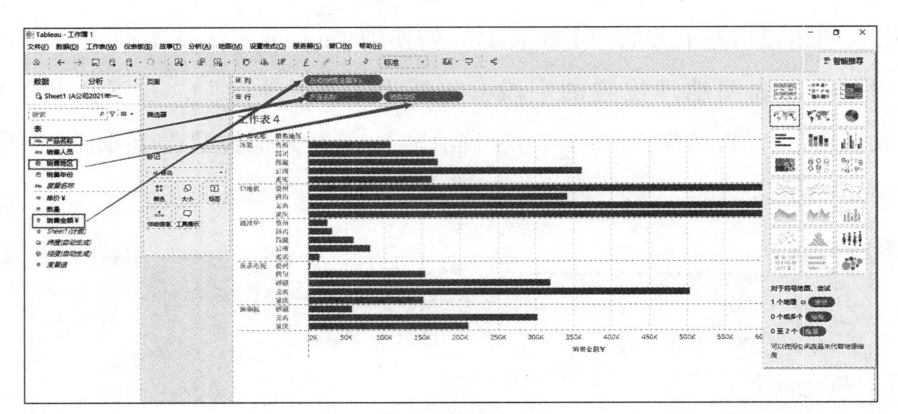

图 5-16 拖放字段

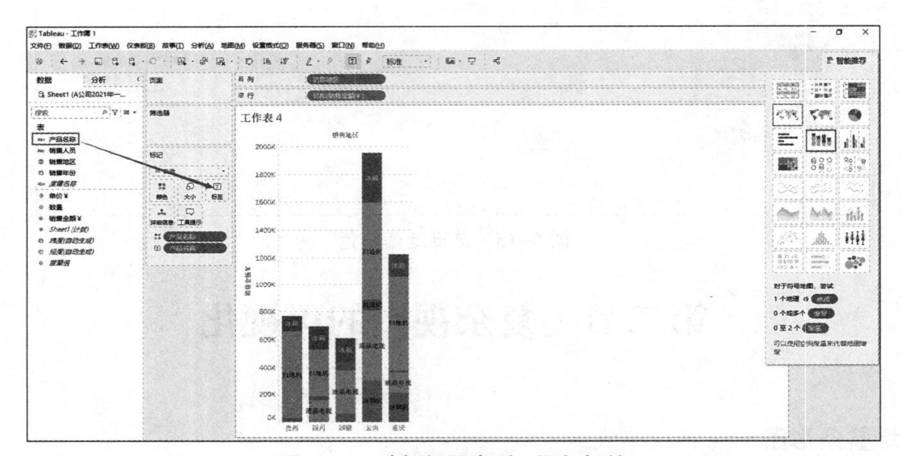

图 5-17 选择视图类型、添加标签

“并排条形图”有类似展示效果，如图 5-18 所示，单击工具栏的“并排条”即可呈现。

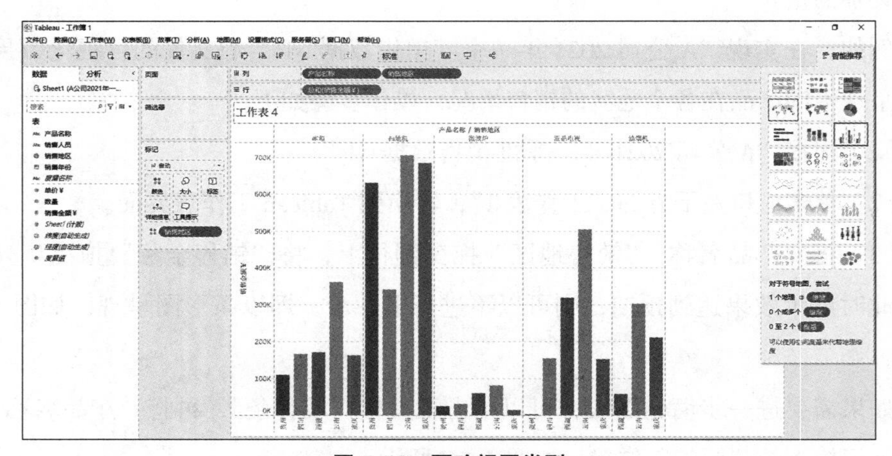

图 5-18 更改视图类型

（4）若因数据显示过多导致不能及时提取有效信息，则可以通过添加“筛选器”的方法过滤部分数据。例如，在图 5-18 的并排条形图中，若需要展示单个产品在单个地区销售额在 500 000 元以上的情形，则方法如下。

单击菜单栏中的“分析”选项，选择“筛选器”→“销售金额”，如图 5-19 所示。

在窗口左侧的“筛选器”栏中会出现“总和（销售金额）”，单击展开该下拉列表，选择“编辑筛选器”；或者在右侧编辑栏直接进行修改，如图 5-20 所示。

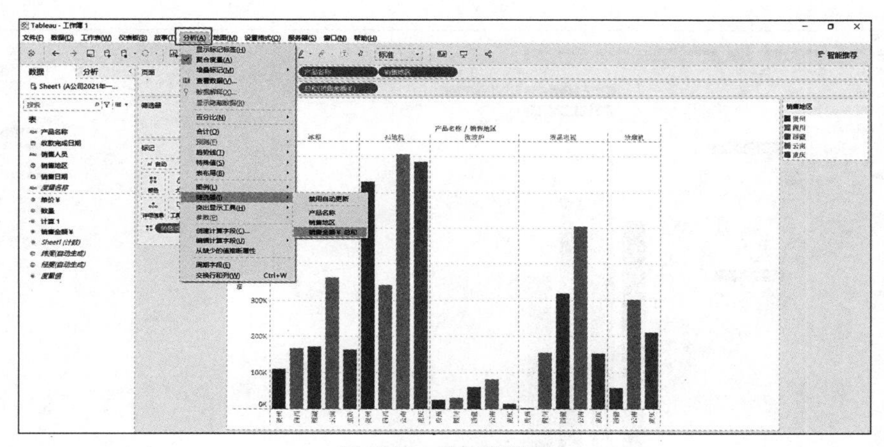

图 5-19 选择筛选器

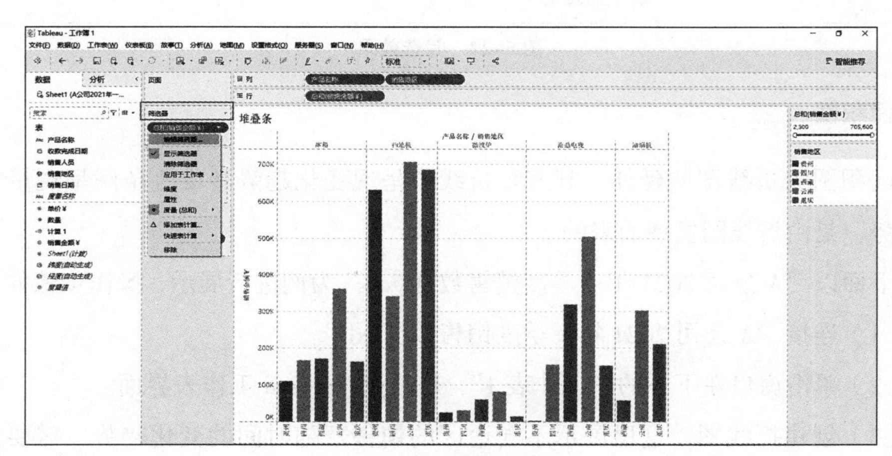

图 5-20 编辑筛选器

在弹出的对话框中输入起始值 500 000，单击“确定”按钮，如图 5-21 所示，即可看到单个地区单品销售额在 500 000 元以上的产品，如图 5-22 所示。

添加筛选器的方法还可被用于筛选类别、排名等，可根据需要进行添加。

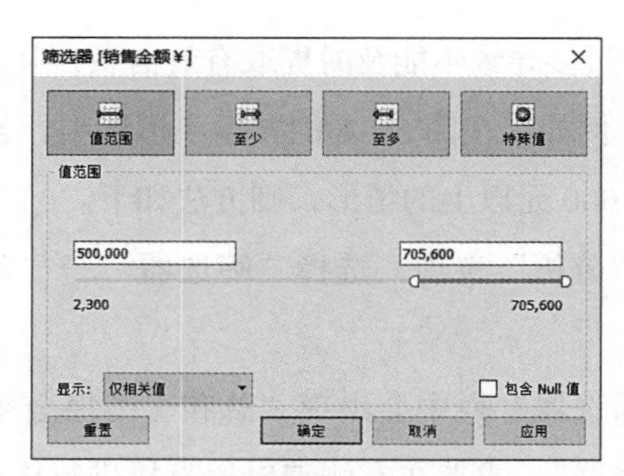

图 5–21　录入筛选条件

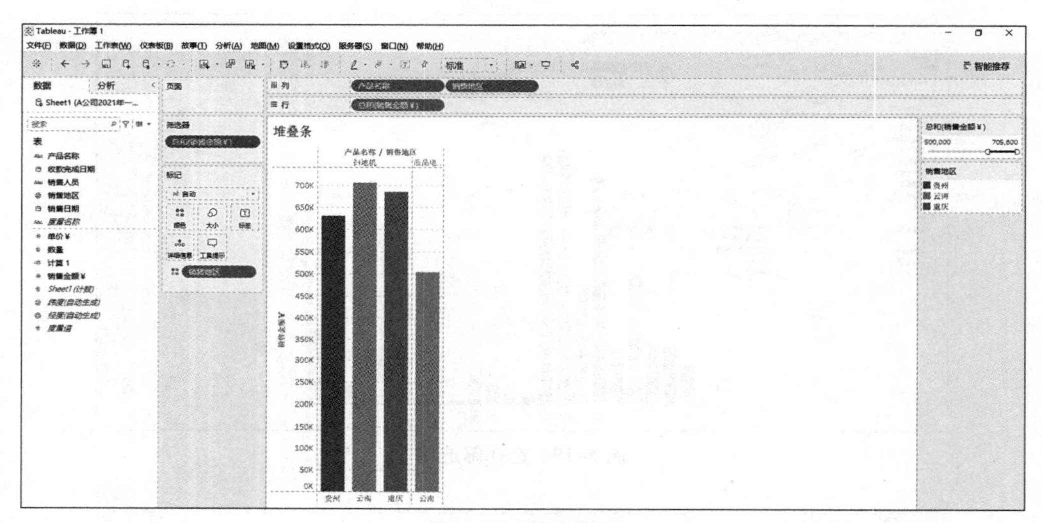

图 5–22　筛选效果

二、面积图

面积图为折线图的延伸，其兼具折线图呈现变化趋势和堆叠条图呈现量大小的优势，是由折线图发展而来的。

下面以“A 公司 2021 年一季度销售数据 .xls”为例进行展示，操作步骤如下。

（1）连接“A 公司 2021 年一季度销售数据 .xls”。

（2）单击窗口左下方的“工作表 1”，转换到 Tableau 工作表界面。

（3）创建折线图，这里展示不同地区的销售额随时间的变化趋势，需要创建多重折线图。将“销售日期”拖曳到列上，右键单击将“年”改为“月”，如图 5–23 所示。

再将“销售地区”“销售金额”拖曳到行上，此时显示效果为每个地区销售金额一个坐标轴，如图 5–24 所示。

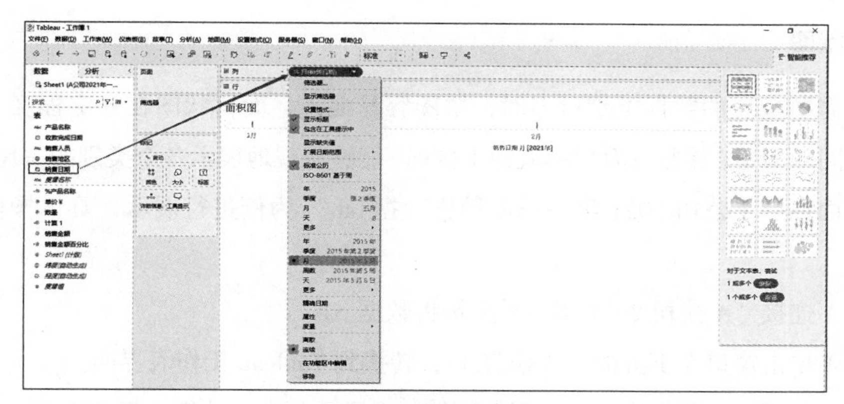

图 5–23　拖放字段 1

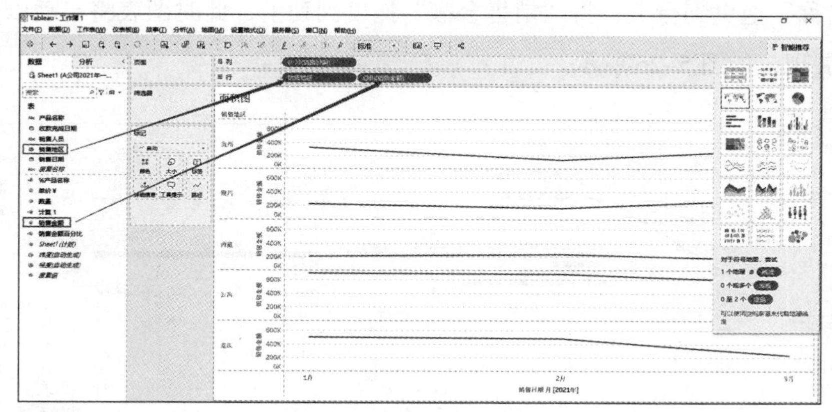

图 5–24　拖放字段 2

单击右侧的“多重折线图”，将在一个坐标轴中显示，再单击标记栏下的下拉列表选择“区域”，面积图即可呈现，如图 5–25 所示；或者单击右侧的“面积图”，直接呈现效果。

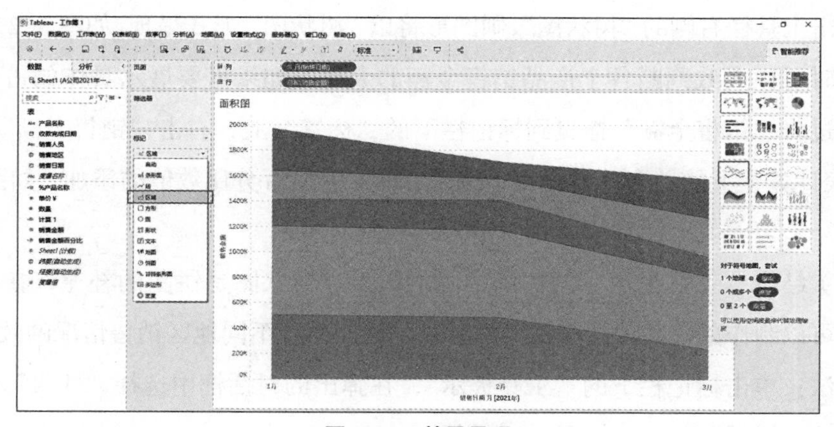

图 5–25　效果呈现

三、树状图

当需要呈现的数据类别过多时，饼图容易混乱，而树状图在一定程度上可以弥补饼图的不足，其通过面积由大到小排列，能够直观地展示各个类别的占比情况。

下面以“A 公司 2021 年一季度销售数据 .xls”为例进行展示，具体操作步骤如下。

（1）连接“A 公司 2021 年一季度销售数据 .xls”。

（2）单击窗口左下方的“工作表 1”，转换到 Tableau 工作表界面。

（3）将相应字段拖曳到行、列上。例如，展示各产品销售金额占比情况，可将“产品名称”拖曳到行上，将“销售金额”拖曳到列上，此时图表将自动以条形图的方式展现，如图 5–26 所示。

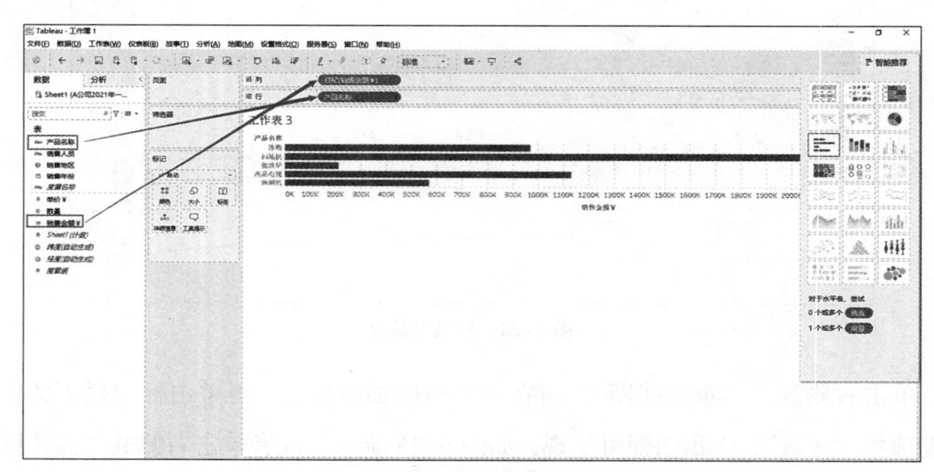

图 5–26　拖曳字段

单击工具栏右侧的“树状图”，则图形将以“树状图”形式呈现，如图 5–27 所示。

此时可以大致判断各个产品销售金额的大小，如果需要展示具体的占比情况则可通过将“销售金额”拖曳到标记栏下的“标签”上，右击“销售金额”，选择“快速表计算”下的“合计百分比”选项，即可完成百分比数值的添加，如图 5–28 所示。

（4）结合“工具提示”制作画中画的效果。树状图是饼图的补充，在此案例演示中可以制作鼠标滑动到产品名称时显示该产品在不同地区销售情况的效果。

方法：单击标记栏下的“工具提示”，在弹出的对话框中选择“插入”→“工作表”→“饼图”选项，如图 5–29 所示。

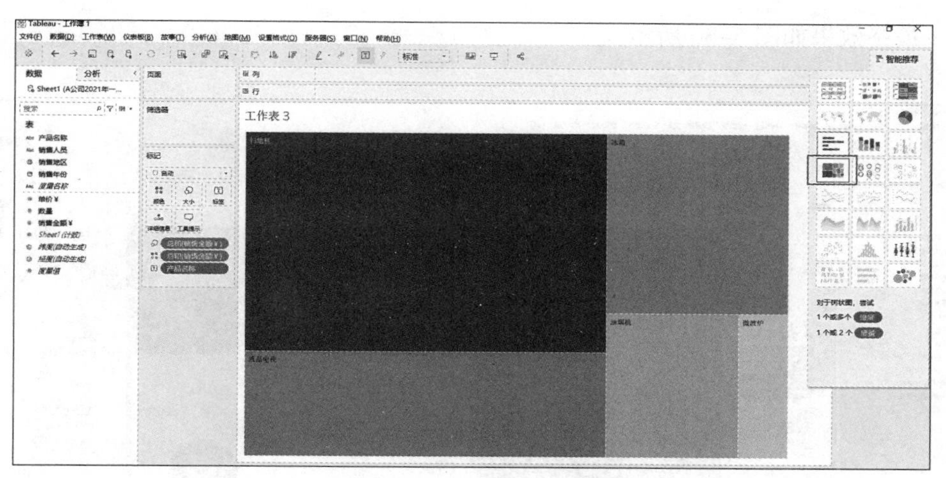

图 5–27　选择视图类型

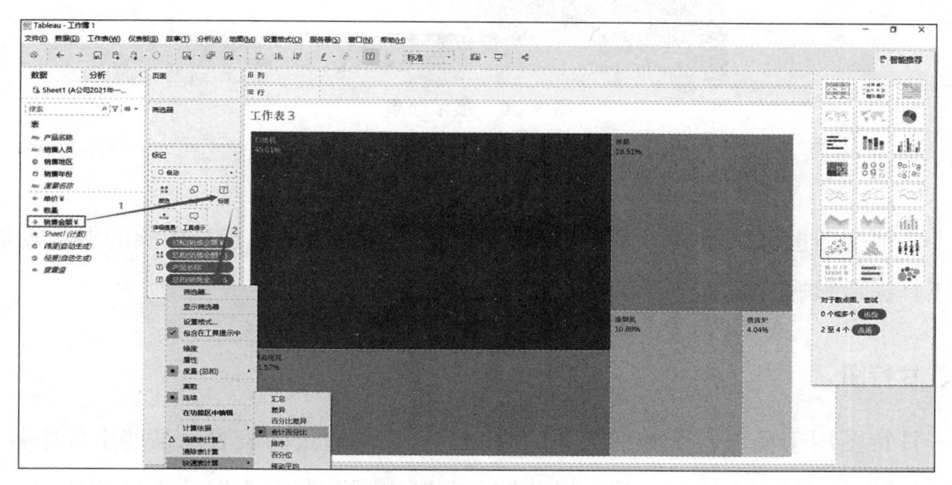

图 5–28　添加标签

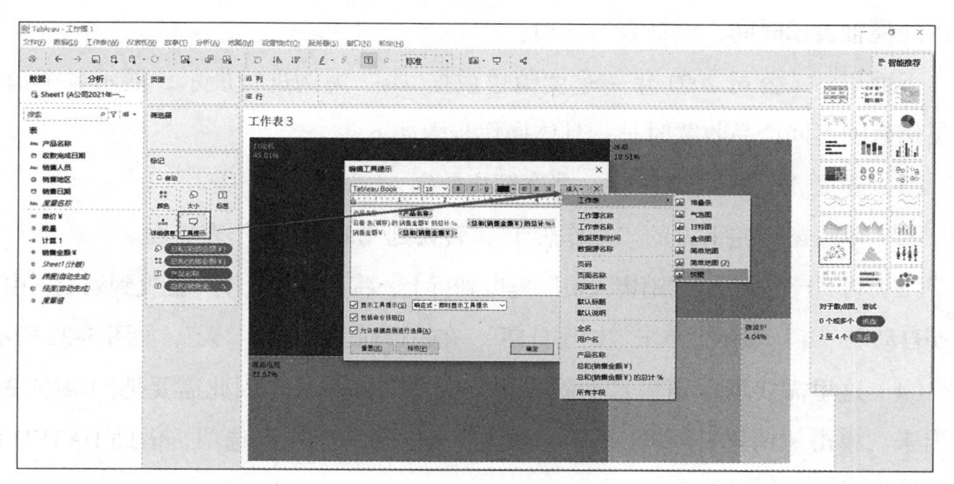

图 5–29　添加工具提示

最终效果如图 5–30 所示。

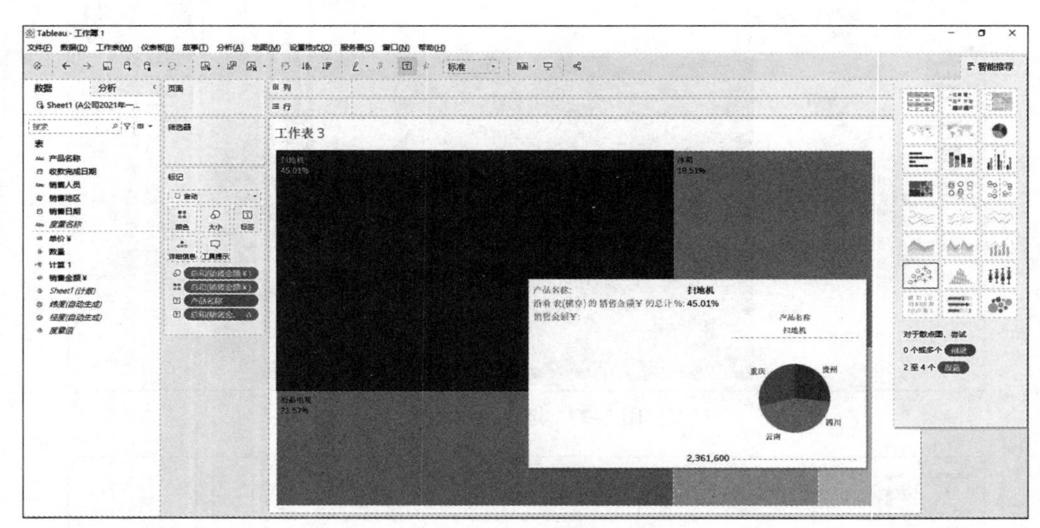

图 5–30 展示效果

其他视图也可以通过“工具提示”插入工作表的方法呈现画中画的展示效果，若工具提示影响数据呈现则可以将之关闭。

四、甘特图

甘特图用于呈现若干类别活动的时间节点，即通过图表表示某些事件中各个活动的开始、截止、持续时间，以此辅助判断出现问题需要继续跟进的环节。甘特图的横轴表示时间，纵轴表示活动。

下面以“A 公司 2021 年一季度销售数据 .xls”为例进行展示，展示各个销售人员销售的不同产品收款时长，具体操作步骤如下。

（1）连接“A 公司 2021 年一季度销售数据 .xls”。

（2）单击窗口左下方的“工作表 1”，转换到 Tableau 工作表界面。

（3）将“产品名称”“销售人员”拖曳到行上，将“销售日期”拖曳到列上，由于日期自动以“年”显示，单击“销售日期”，在销售列表中选择“天”，如图 5–31 所示。

（4）这里需要展示销售日期到收款完成的间隔时长，因此需要把间隔字段计算出来。单击“销售日期”，选择“创建”→“计算字段”选项，借助 DATEDIFF 函数计算时长，如图 5–32 所示。

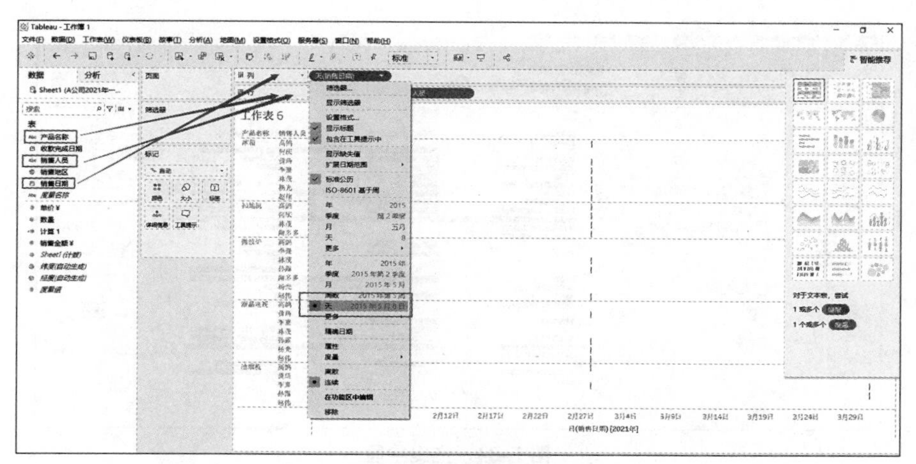

图 5–31　拖曳字段

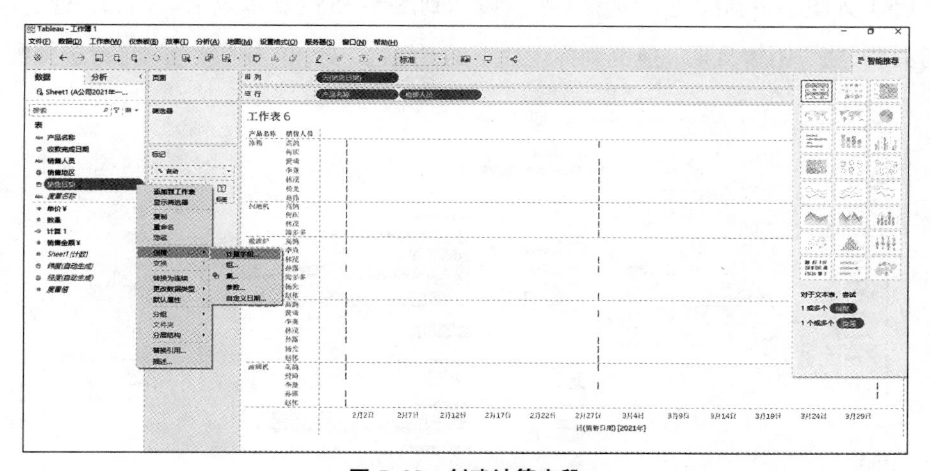

图 5–32　创建计算字段

在弹出的对话框中输入函数（注意输入函数需在英文输入法状态下进行），如图 5–33 所示。

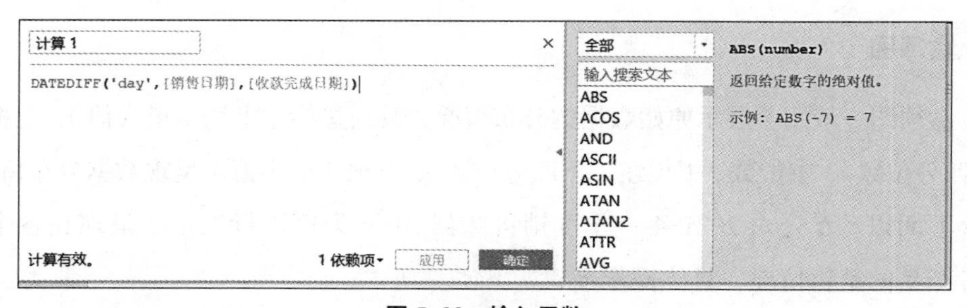

图 5–33　输入函数

输入完成后将新创建的字段拖曳到标记栏下的“大小”中，如图 5–34 所示。

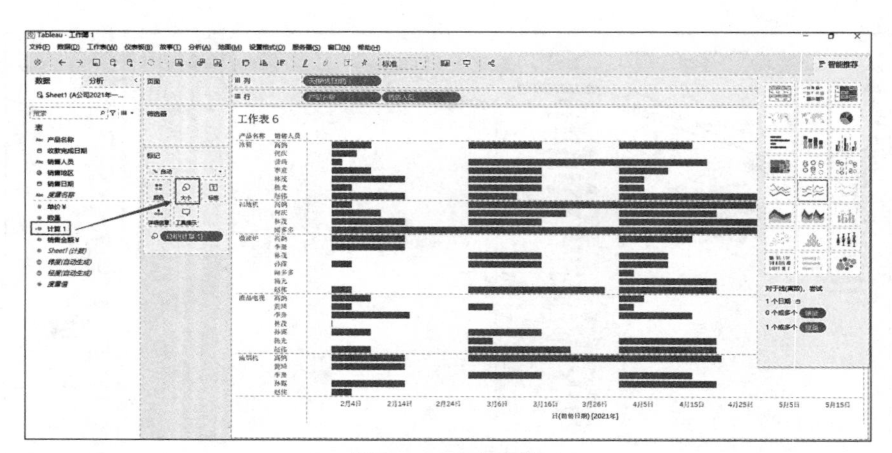

图 5–34　拖曳字段

（5）为图形重新配色、调整大小，以达到图 5–35 的展示效果。例如，通过颜色区分月份,将“销售日期”拖曳到标记栏下的“颜色”处,单击“颜色”自行选择配色。

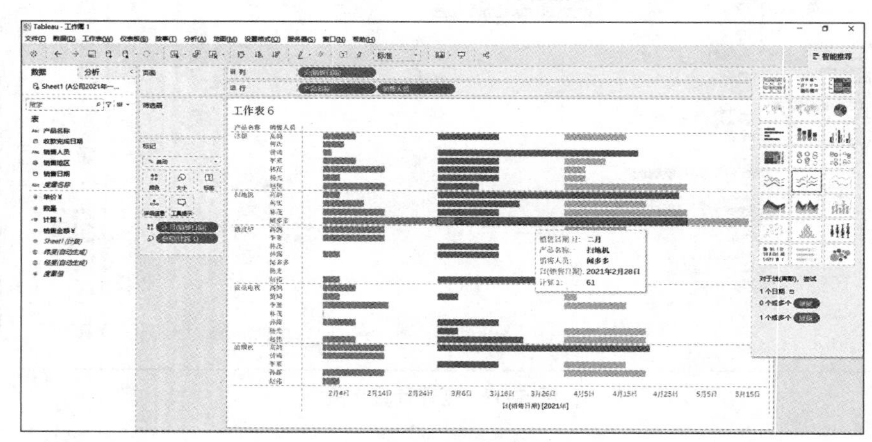

图 5–35　展示效果

将鼠标放置于视图区域任一颜色条上即会显示该产品的详细信息。

五、盒须图

盒须图一般用于展示原始数据的分布情况，其通过标记上须（最大值）、上枢纽（上四分位数）、中位数、下枢纽（下四分位数）、下须（最小值）呈现数据分布情况。

下面以“A 公司 2021 年一季度销售数据 .xls”为例进行展示，呈现在各个地区各产品的销售情况，具体操作步骤如下。

（1）连接“A 公司 2021 年一季度销售数据 .xls”。

（2）单击窗口左下方的“工作表 1”，转换到 Tableau 工作表界面。

（3）将“销售地区”“产品名称”拖曳到列上，将“数量”拖曳到行上，如图 5–36 所示。

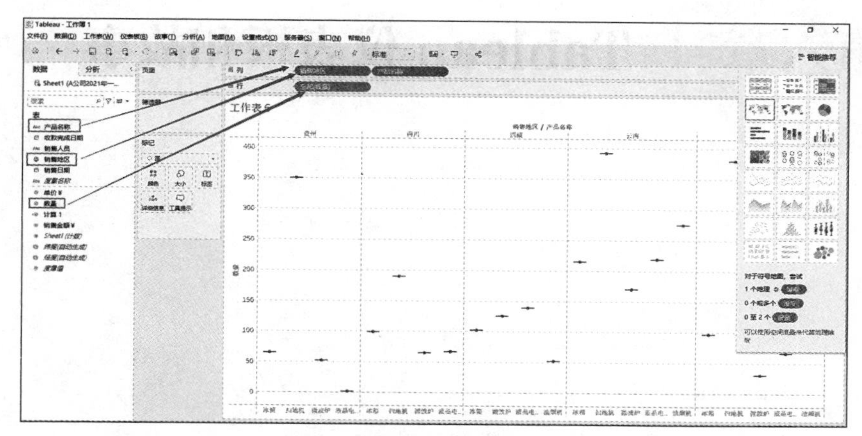

图 5–36 拖曳字段

单击工具栏的“盒须图”即可达到展示效果，如图 5–37 所示。移动鼠标到各个“盒子”上可以查看具体信息。例如，可以直观地看到扫地机的销售量是最高的，其中销售数量最多的省份为云南。

另外，可通过标记栏下的“颜色”“大小”选项，修改颜色和大小。

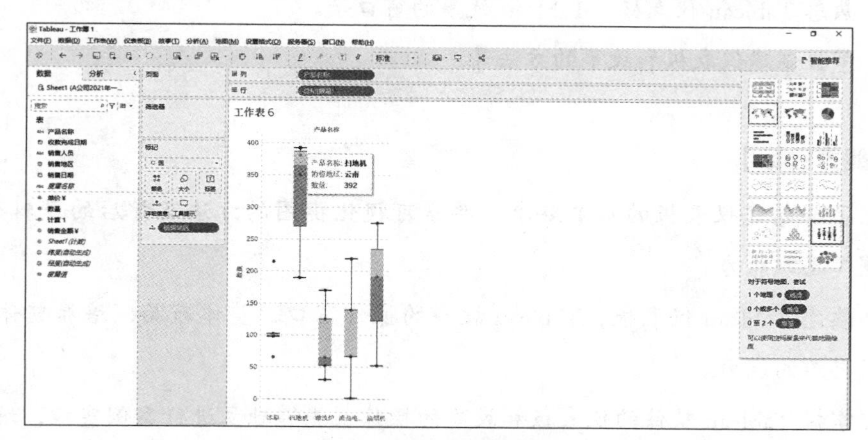

图 5–37 选择视图类型

上机操作题

根据“某公司主营业务收入 .xls”选用合适的视图类型制作简单的视图，对该公司业务情况进行分析（获取资源请扫描右侧二维码）。

第六章 Tableau 仪表板和故事

【学习目标】

1. 了解创建仪表板的基本要求、共享可视化视图的方法等。

2. 熟悉 Tableau 仪表板、Tableau 故事的窗口等。

3. 掌握创建仪表板和故事的方法等。

【能力目标】

1. 了解创建仪表板的基本要求、共享可视化视图的方法及背后的逻辑含义，培养逻辑思维能力。

2. 熟悉 Tableau 仪表板，Tableau 故事的操作窗口、整体布局，培养整体思维与分析思维的能力。

3. 掌握 Tableau 软件的仪表板和故事的操作，能够独立进行案例实操，培养解决问题的能力。

【思政目标】

1. 了解创建仪表板的基本要求、共享可视化视图的方法及背后的逻辑含义，培养共享精神。

2. 熟悉 Tableau 仪表板，Tableau 故事的操作窗口、整体布局，培养全局观。

3. 掌握 Tableau 软件的仪表板和故事操作，能够独立进行案例实操，培养探索、求真的科学精神。

【思维导图】

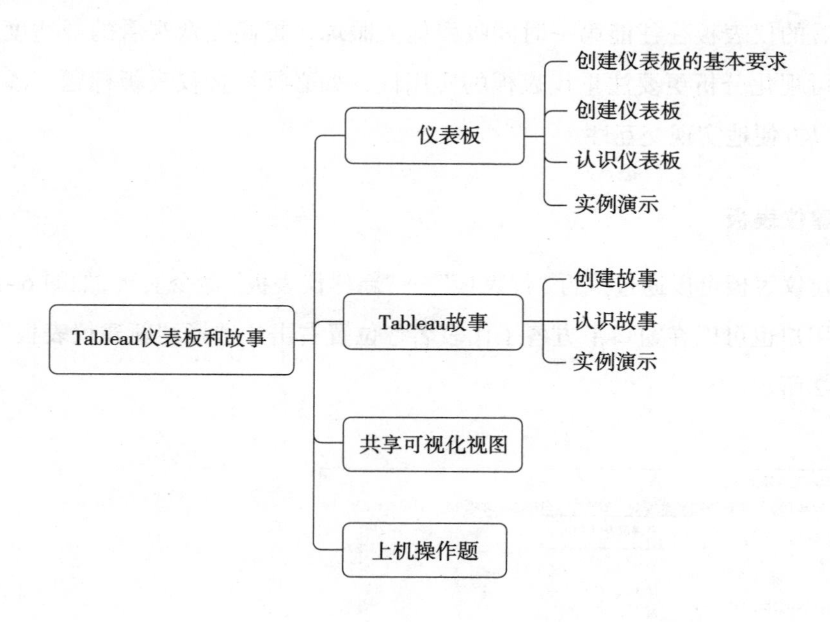

第一节　仪　表　板

一、创建仪表板的基本要求

数据可视化的最终目的是提高数据分析的效率，基于此，创建仪表板的基本要求有如下几个。

1）明确受众对象

数据可视化的最终效果需要被呈现给他人，但不同的角色如企业高层、股东、债权人、员工等对数据的关注点是不一样的，只有先明确受众对象才能明确分析的目的。

2）明确分析目的

分析目的就是数据可视化要达到的效果、说明的问题。Tableau 的数据视图较多，只有明确分析目的才能确定采用何种视图对数据进行可视化分析。

3）明确数据内容主次

仪表板组合了多个工作表或者其他数据元素，在仪表板内容的排列上，须遵循用户从左到右、从上到下的视觉习惯，将主要的数据内容放于左上方并依次排列。

4）注重仪表板布局的美观性与实用性

美观的仪表板往往能第一时间吸引他人眼球，提高受众观看的舒适度。除此之外，可视化分析更要注重仪表板的实用性，如必须添加仪表板标题、添加必要的工具以方便地实现交互性。

二、创建仪表板

创建仪表板可以通过执行“仪表板”→“新建仪表板”命令实现，如图 6–1 所示。另外，用户也可以在窗口下方各工作表名称位置右击，选择“新建仪表板”选项，如图 6–2 所示。

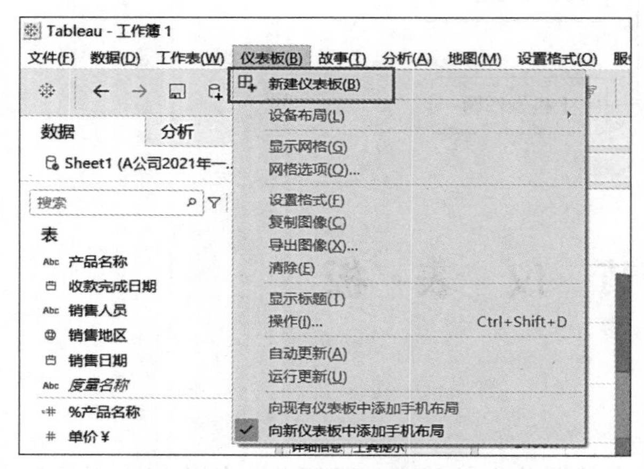

图 6–1 创建仪表板的方法 1

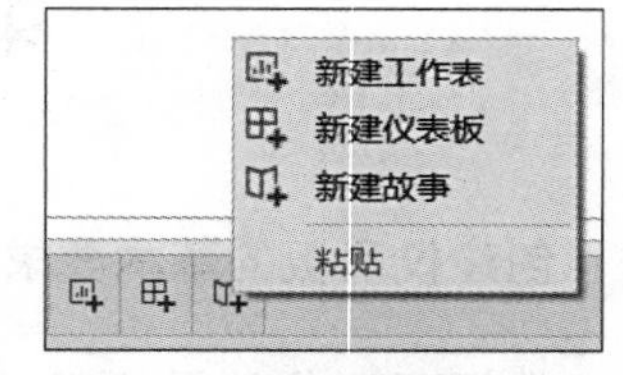

图 6–2 创建仪表板的方法 2

三、认识仪表板

仪表板整体布局分为 5 个板块，如图 6–3 所示。

（1）菜单栏“仪表板”。用于新建仪表板、设置布局、显示网络、设置格式、复制或导出图像等。

（2）工具栏。内设“撤销”“重做”“保存”“交换行和列”“排序”“突出显示”“与其他人共享”等 20 余个快捷按钮。

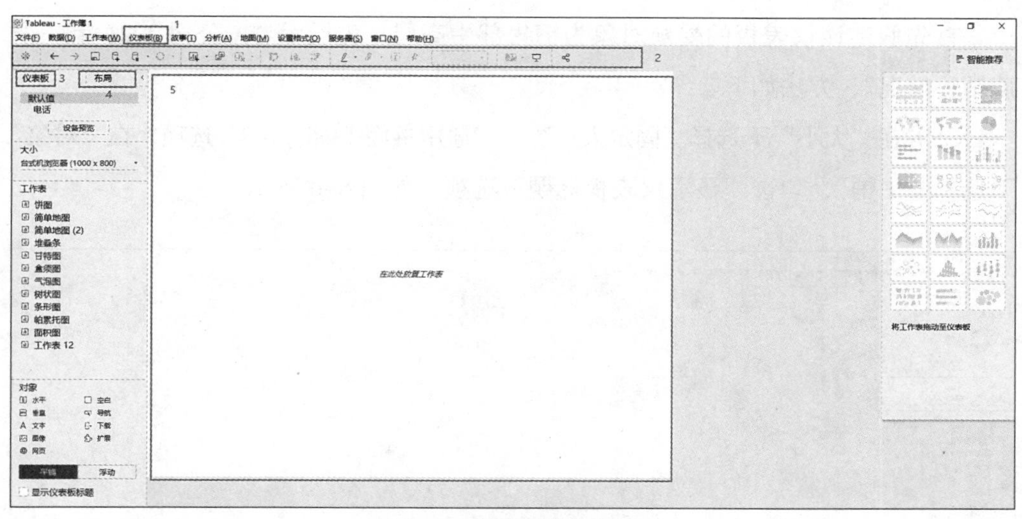

图 6–3　仪表板整体布局

图 6–4　大小区域

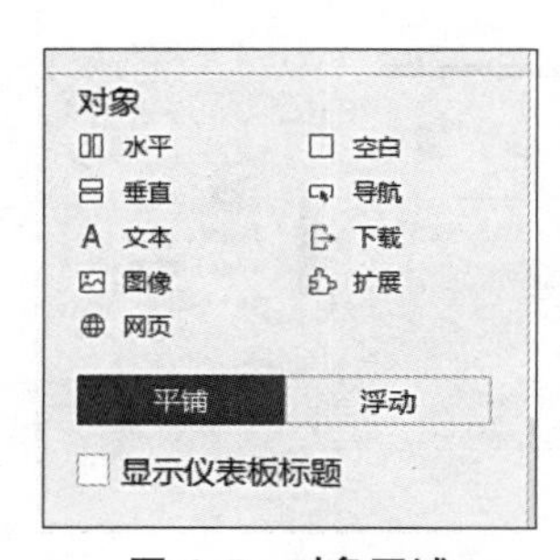

图 6–5　对象区域

（3）仪表板窗格。其与布局共用一个窗格，单击可将两者相互切换。仪表板下包含大小、工作表、对象几个区域。其中，大小区域可设置容器的大小，以适应具体需求，如图 6–4 所示；工作表区域呈现该工作簿中已有工作表的情况，用户可根据需求将之拖曳到容器中；对象区域包含 9 个可在仪表板中使用的选项，用户可将容器调整为水平或垂直，可添加导航、文本、图像、网页，空白常被用于调整仪表板各项目的间距，扩展可集成外部应用程序，如图 6–5 所示。

（4）布局窗格。其与仪表板共用一个窗格，单击可将两者相互切换。其可用于调整仪表板中内容的位置、大小等，还可以设置仪表板的边距、背景颜色等。

（5）布局容器。即各图表、元素展示区。通过拖曳的方法可以将工作表、对象放在布局容器内。默认情况下，布局容器为透明、无边距，用户可通过“布局”窗格下的相关选项对其进行修改。

四、实例演示

根据前面制作好的几个视图创建仪表板。

首先假定该仪表板的受众对象为销售部中高层，先展示“A 公司 2021 年一季度销售情况”，方法如下。

（1）在“大小”下选择“固定大小”→“通用桌面 1366×768”选项，在“对象”下选择“平铺”，勾选“显示仪表板标题”选项，如图 6-6 所示。

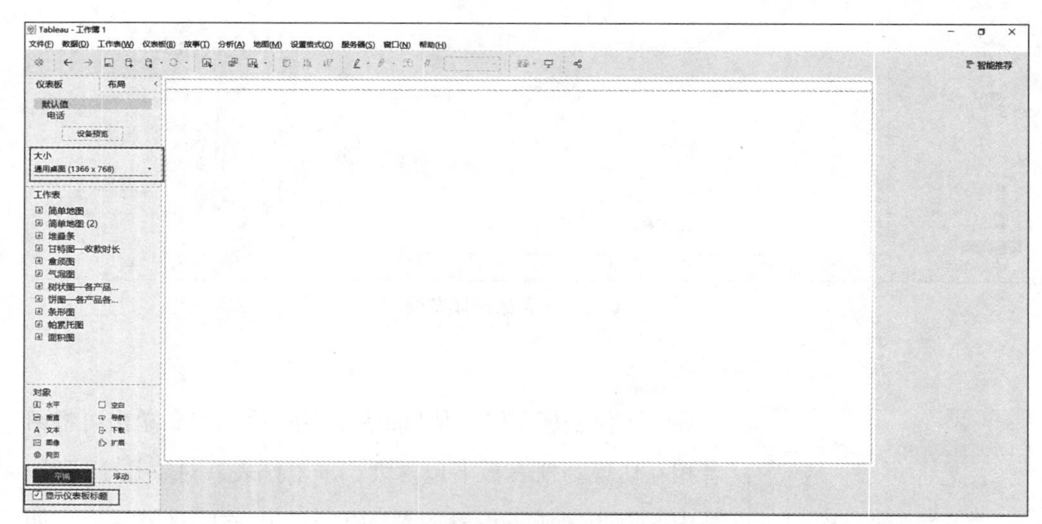

图 6-6 选择仪表板大小、显示形式

（2）将“简单地图”“条形图”“树状图”拖曳到布局容器内，初始的仪表板就做好了，如图 6-7 所示。需要注意的是，每个仪表板中的工作表不宜过多，否则在视觉上将难以达到良好的展示效果。

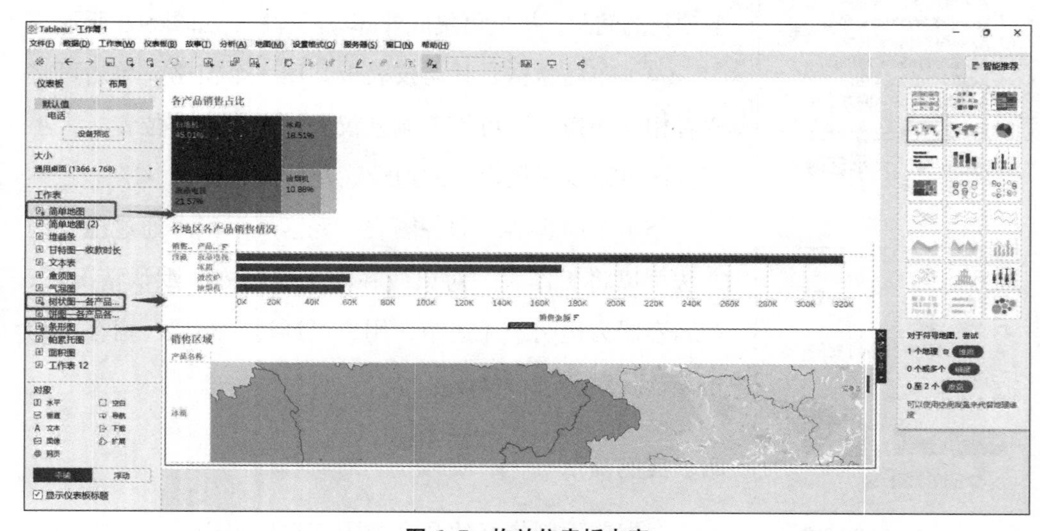

图 6-7 拖放仪表板内容

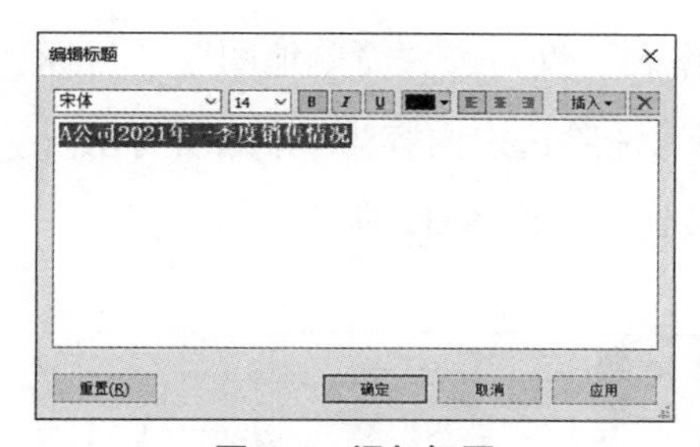

图 6–8　添加标题

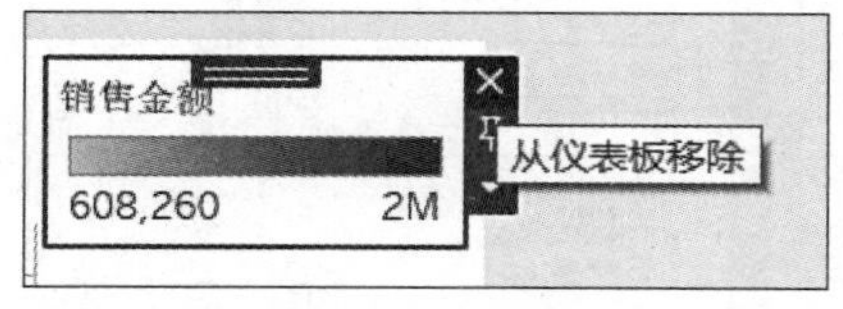

图 6–9　删除多余图例

（3）添加标题。双击标题区域，在弹出的对话框中输入“A 公司 2021 年一季度销售情况”，设置字号为 14、加粗，如图 6–8 所示。

（4）调整布局。首先，可以在不影响展示的情况下删除工作表包含的图例，如“简单地图”旁的图例表明了各地区销售额在地图上显示颜色为由浅至深，根据人们查阅图表的习惯可以方便地做出判断，因此该图例可以被删除。单击图例，再单击右上角“×”按钮即可将之从仪表板中移除，如图 6–9 所示。

其次，调整各工作表大小，以达到良好的展示效果。可将鼠标移动到工作表边缘，出现双向箭头时即可拖曳改变其大小，如图 6–10 所示。

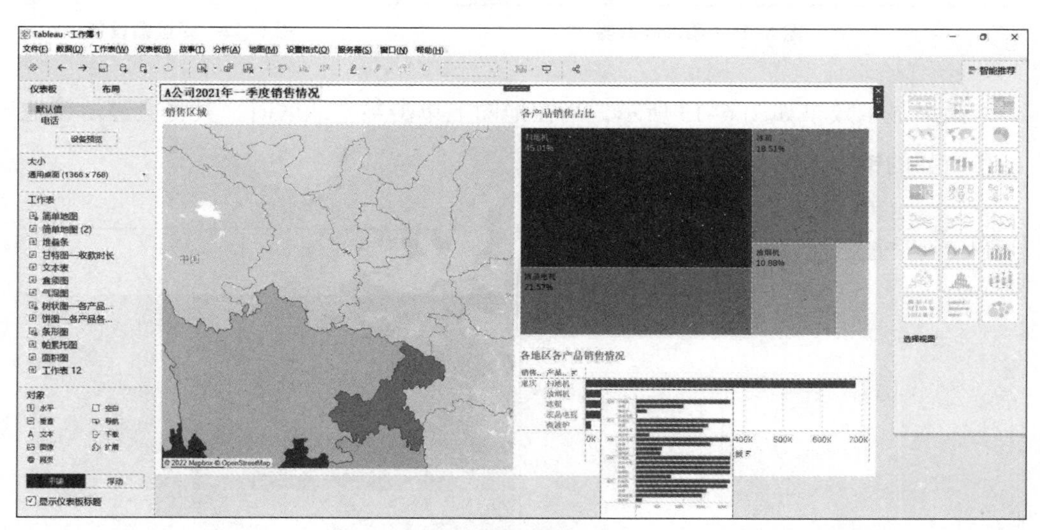

图 6–10　调整大小

最后，若各工作表间有联系，如“销售区域”与“各地区各产品销售情况”为销售区域到各地区的明细展示，那么可以通过“筛选器”功能实现容器下钻，达到分层次、分类别展示的良好效果。方法如下。

（1）在仪表板的“各地区各产品销售情况”上右击，选择“隐藏标题”。

（2）执行“仪表板”→“操作”命令，在弹出的对话框中选择“添加操作”→“筛选器”选项，如图 6–11 所示。

（3）在弹出的对话框中做如下设置。“源工作表”仅勾选“简单地图”，“目标工作表”仅勾选“条形图”，运行操作方式为“选择”，清除选定内容为“排除所有值”，目标筛选器为“所有字段”，最后单击“确定”按钮，如图 6–12 所示。

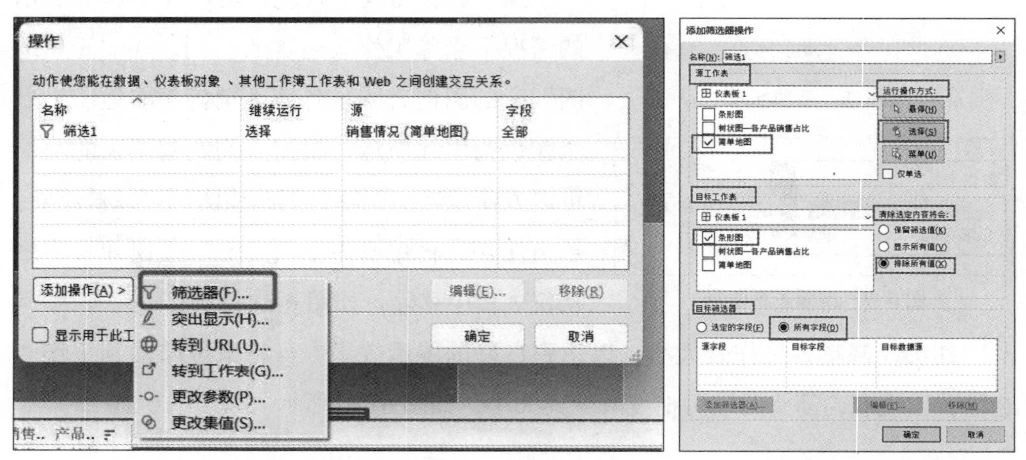

图 6–11　添加筛选器　　　　图 6–12　筛选器设置

最终显示效果如图 6–13 所示，当在地图上单击某个地区时，其将会显示该地区各产品的销售情况。

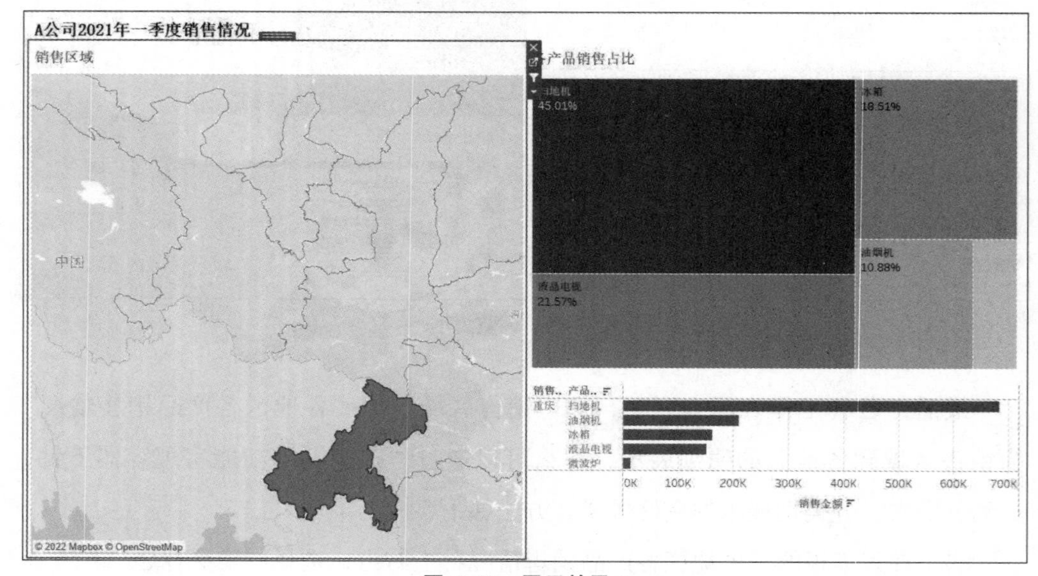

图 6–13　展示效果 1

按照此方法创建第 2 个仪表板“收款情况”，如图 6–14 所示。

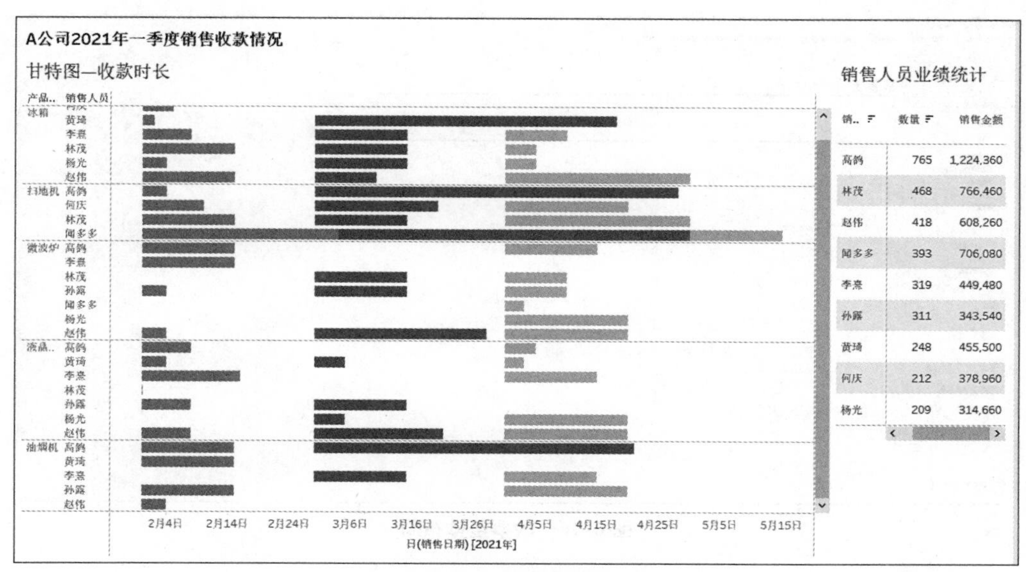

图 6–14 展示效果 2

第二节 Tableau 故事

一、创建故事

在创建故事时可以执行"故事"→"新建故事"命令，也可以在窗口下方各工作表名称位置右击，选择"新建故事"选项，如图 6–15 所示。

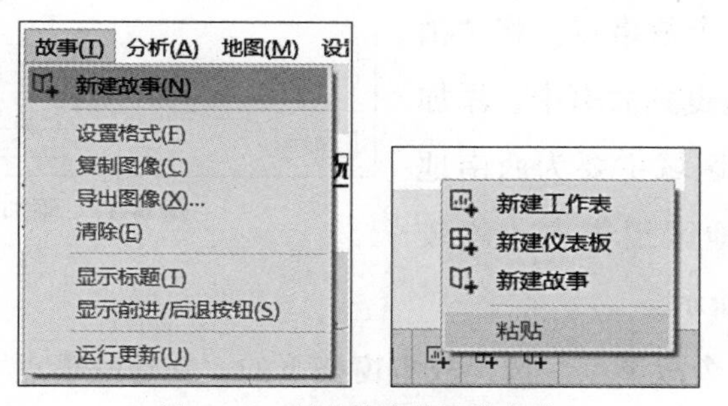

图 6–15 创建故事的两种方法

二、认识故事

故事窗口与仪表板窗口基本相同，亦可调整大小、布局。其不同之处在于故事窗口多了"添加说明"功能，以方便用户对各工作表、各仪表盘等的解读，如图 6–16 所示。

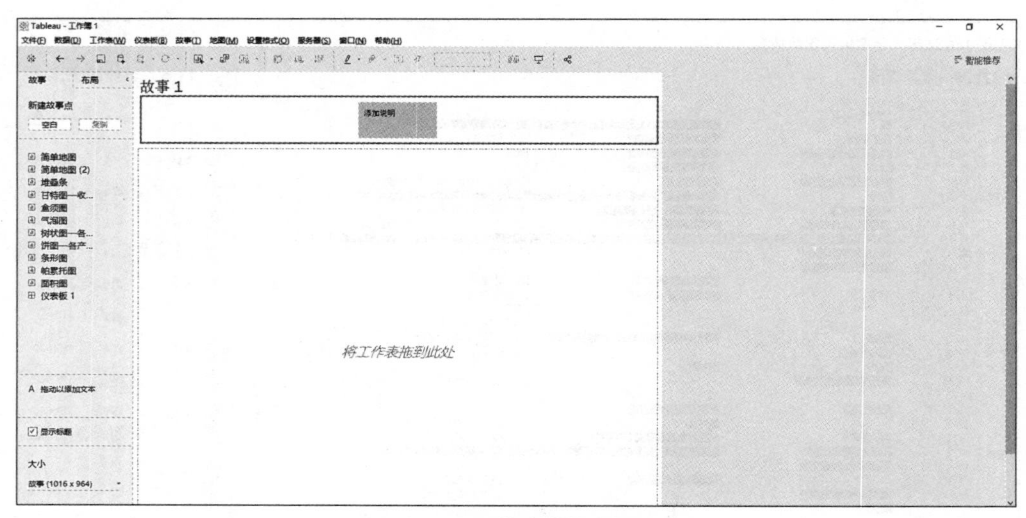

图 6-16　故事整体布局

三、实例演示

根据前面制作好的仪表板可以创建故事。

（1）在故事窗格中，选择“显示标题”，大小选择“通用桌面 1366×768”。

（2）双击标题栏，在弹出的对话框中输入“A 公司 2021 年一季度销售情况汇报”，设置字号为 14、加粗，如图 6-17 所示。

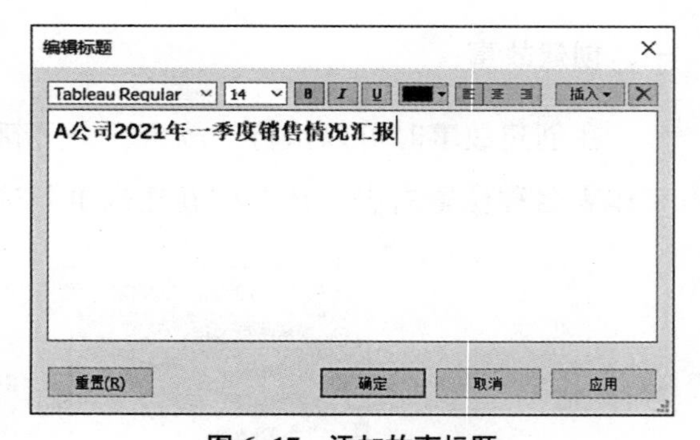

图 6-17　添加故事标题

（3）创建第 1 个故事点。将“销售情况”仪表板拖曳到故事中，添加说明文本：“销售区域主要为西南地区，扫地机在各地区销售占比均较大。”，如图 6-18 所示。

（4）创建第 2 个故事点。选择故事窗格下的“新建故事点”→“空白”选项，将“收款情况”仪表板拖曳到故事中，添加说明文本：“部分应收账款周期略长，主管及销售人员需跟进。”，如图 6-19 所示。

（5）单击工具栏的“演示模式”按钮，然后就可以像 PPT 一样播放演示了，按 Esc 键可退出演示。

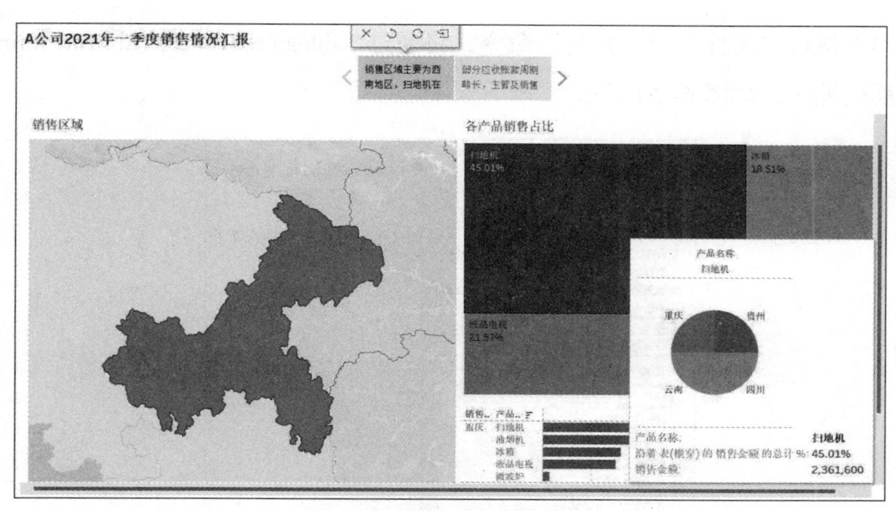

图 6–18　创建第 1 个故事点

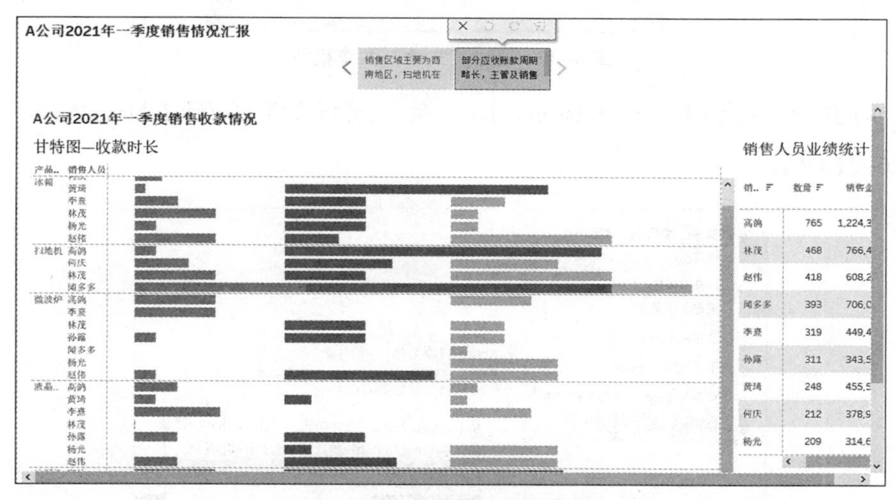

图 6–19　创建第 2 个故事点

第三节　共享可视化视图

制作好可视化视图之后，可以将之分享给需要的人以方便他们第一时间掌握信息。Tableau 有几种共享的方式可供用户选择。

（1）执行“文件”→“导出打包工作簿”命令，软件将生成格式为 .twbx 的文件，接收人通过 Tableau 客户端可将其打开。

（2）执行“文件”→“导出为 PowerPoint”命令，软件将生成格式为 .pptx 的文件，接收人可使用 PowerPoint 将其打开，像操作 PPT 文档一样演示。

（3）执行“文件”→“共享”命令，将通过 Tableau Server 或 Tableau Online 共享可视化视图，如图 6-20 所示。

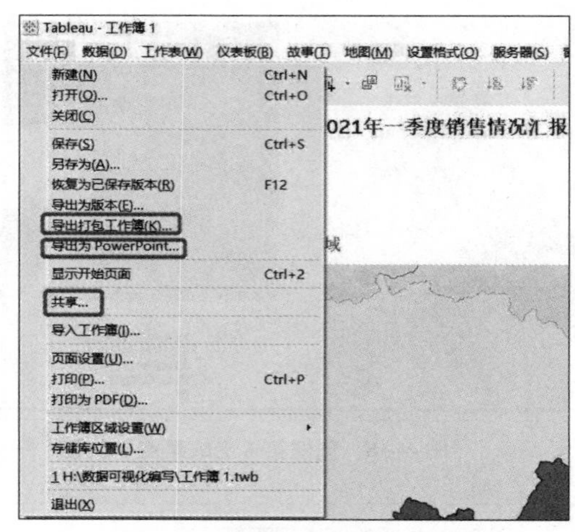

图 6-20 通过“文件”共享视图

（4）执行“服务器”→“Tableau Public”命令，可将文件发布到 Tableau Public 网站，如图 6-21 所示。

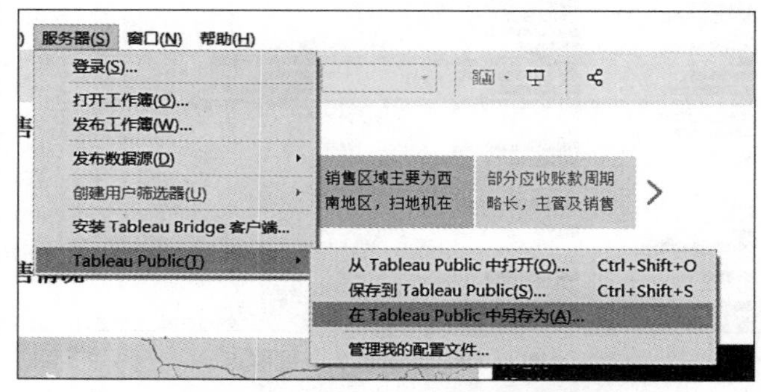

图 6-21 通过“服务器”共享视图

用户可根据需要选择以上几种共享方式，但是也要考虑受众的需求及数据保密性要求。

上机操作题

根据某公司固定资产明细表选用适合的视图类型制作简单的仪表板、故事，对该公司固定资产进行分析（获取资源请扫描右侧二维码）。

第七章 数据高级操作

【学习目标】

1. 理解数据关系与数据连接、并集、混合的区别以及数据排序的几种方式。

2. 掌握创建数据间关系、管理数据关系的方法以及数据排序方式，并能灵活应用。

【能力目标】

1. 理解数据关系与数据连接、并集、混合的区别，培养辩证思维能力。

2. 熟练掌握各种数据排序方式，培养逻辑思维能力。

【思政目标】

1. 了解数据关系与数据连接、并集、混合的区别，培养对立与统一的哲学思维。

2. 熟练掌握各种数据排序方式，培养严谨的科学精神。

【思维导图】

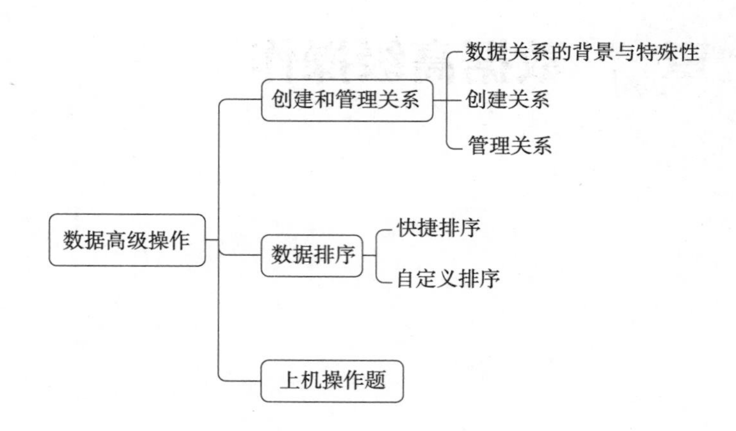

第一节 创建和管理关系

一、数据关系的背景与特殊性

学习数据关系的首要问题是："数据关系"与数据连接、并集甚至混合有什么区别？回答这个问题需要先理解一个背景知识：Tableau 定义了两个截然不同的层次——物理层和逻辑层，以之来理解数据合并的两种方式。

最普遍的物理表是每一个 Excel 工作簿、每一种数据库包含的数据表，它们都是实实在在存在的、分析过程不能更改其本身存在的"物理表"。基于连接和并集，多个"物理表"可以被合并为一个全新的"物理表"，成为不可更改的、牢固的、全新的数据源。

相比之下，数据混合是建立在两个独立的数据源基础上的灵活匹配关系，这种灵活的更改是保持了数据源独立性的数据合并，是逻辑意义上的合并——因此它的结果被称为"逻辑表"。

"数据关系"相当于此前数据连接的位置，但其并非以物理表的形式，而是以数据混合一样的逻辑关系出现的。这样，它就既有数据混合的灵活性（能在保持数据表相互独立的同时根据分析需要实现不同详细级别的数据合并），又具有数据连接的稳定特征，还可以在发布之后被反复使用。

二、创建关系

创建数据关系需要先连接数据源，以某公司销售数据为例，在“数据源”页面所能看到的画布的默认视图如图 7–1 所示（获取资源请扫描右侧二维码）。

首先将“全国订单明细”表拖曳到画布上，如图 7–2 所示。

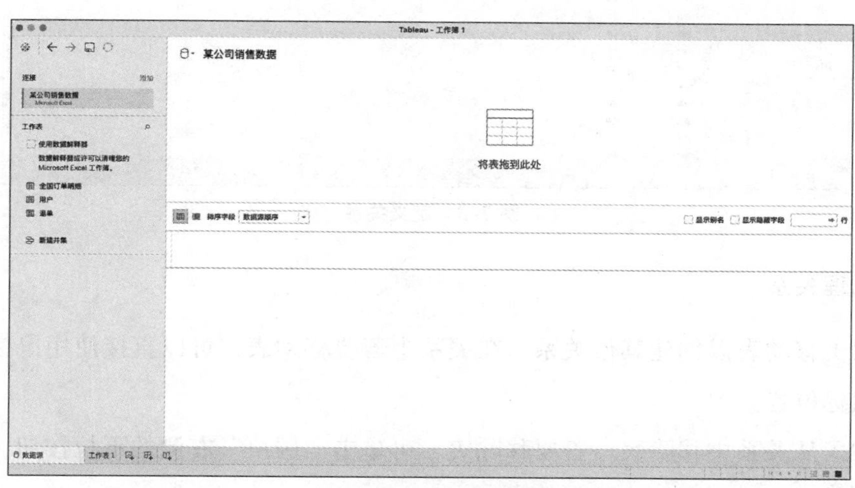

图 7–1　画布默认视图

Tableau - 工作簿 1

全国订单明细 (某公司销售数据)

连接 ⦿ 实时 ○ 数据提取　筛选器 0 | 添加

全国订单明细

需要更多数据?

将表拖到此处以使其相关。了解更多信息

排序字段 数据源顺序　显示别名　显示隐藏字段　1,000 行

订单号	订单日期	顾客姓名	订单等级	订单数量	销售额	折扣点	运输方式	利润额	单价	运输成本	区域	省份
3	2014/10/13	李鹏晨	低级	6	261.54	0.040000	火车	-213.25	38.94	35.000	华北	河北
6	2016/2/20	王勇民	其它	2	6.00	0.010000	火车	-4.64	2.08	2.560	华南	河南
32	2015/7/15	姚文文	高级	26	2,808.08	0.070000	火车	1,054.82	107.53	5.810	华南	广东
32	2015/7/15	姚文文	高级	24	1,761.40	0.090000	大卡	-1,748.56	70.89	89.300	华北	内蒙古
32	2015/7/15	姚文文	高级	23	160.23	0.040000	火车	-85.13	7.99	5.030	华北	内蒙古
32	2015/7/15	姚文文	高级	15	140.56	0.040000	火车	-128.38	8.46	8.990	东北	辽宁
35	2015/10/22	高亮平	其它	30	288.56	0.030000	火车	60.72	9.11	2.250	东北	吉林
35	2015/10/22	高亮平	其它	14	1,892.85	0.010000	火车	48.99	155.99	8.990	华南	湖北
36	2015/11/2	张国华	中级	46	2,484.75	0.100000	火车	657.48	65.99	4.200	华南	河南
65	2015/3/17	李丹	中级	32	3,812.73	0.020000	火车	1,470.30	115.79	1.990	华南	广西
66	2013/1/19	[illegible]	低级	41	108.15	0.090000	火车	7.57	2.88	0.700	华北	北京

数据源　工作表 1　转到工作表

图 7–2　创建关系

将“用户”表拖曳到画布上，此时会看到一条“关系线”。将该表放下，同时将打开“编辑关系”对话框，Tableau 会自动尝试基于现有的键约束和匹配字段创建关系，从而定义关系，如图 7–3 所示。

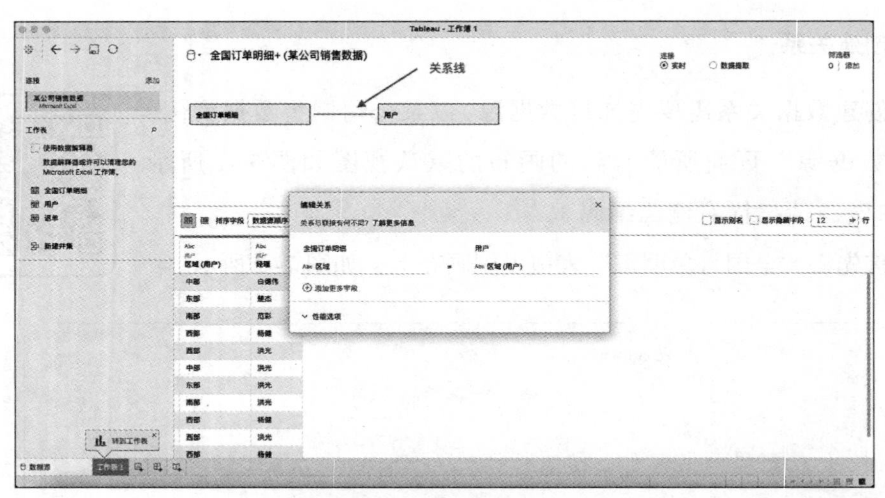

图 7–3　定义关系

三、管理关系

（1）移动表以创建其他关系。在关系中若要移动表，可以直接使用鼠标拖曳表到目标位置。

（2）从关系中移除表。若要移除表，可单击“用户”右侧的下拉按钮，选择“移除”选项，如图 7–4 所示。

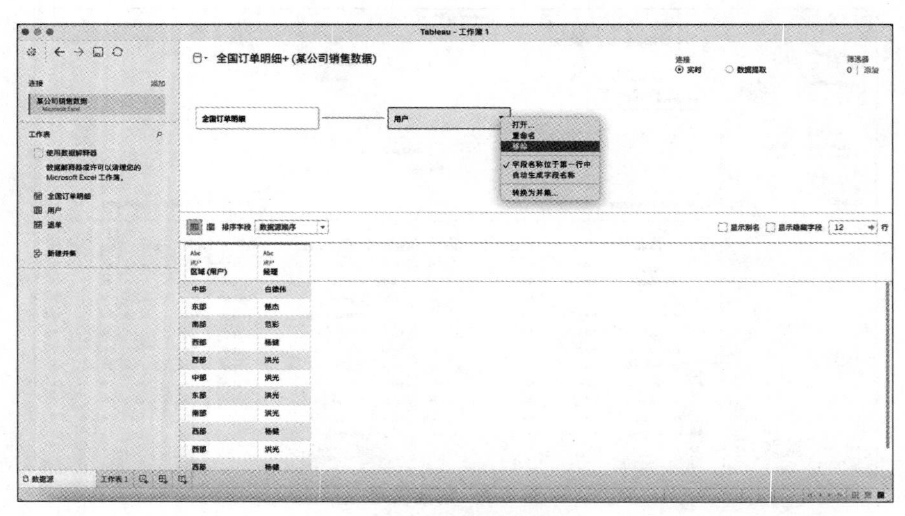

图 7–4　移除表

查看关系：将光标悬停在“关系线”上可以查看定义它的匹配字段。还可以将光标悬停在任何逻辑表上查看它包含的内容，如图 7–5 和图 7–6 所示。

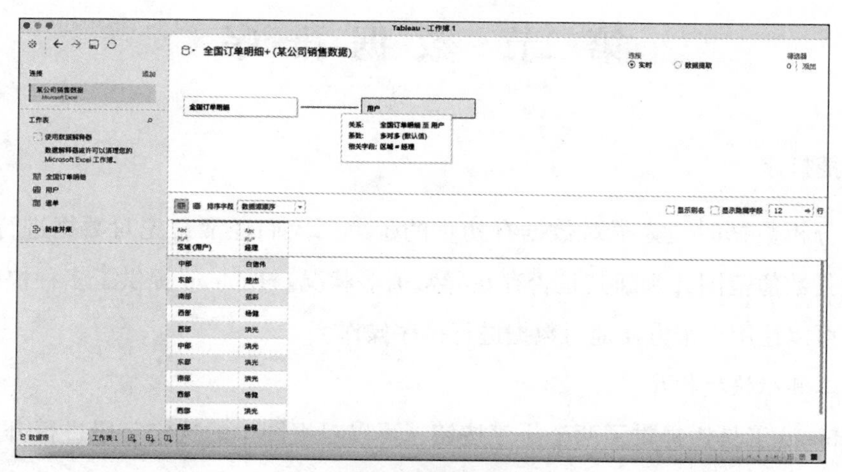

图 7–5　查看关系 1

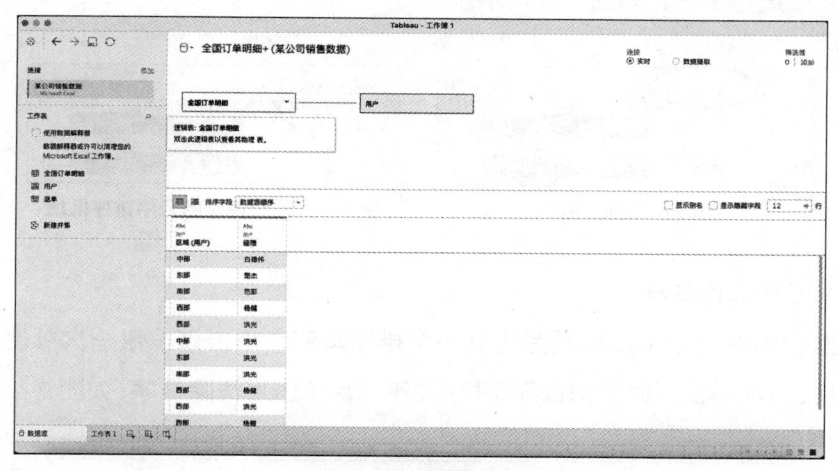

图 7–6　查看关系 2

编辑关系：单击关系行以打开“编辑关系”对话框。用户可以添加、更改或移除用于定义关系的字段。添加其他字段以创建复合关系。若要添加多个字段，可以在选择第一字段对后单击“关闭”按钮，再单击“添加更多字段”按钮，如图 7–7 所示。

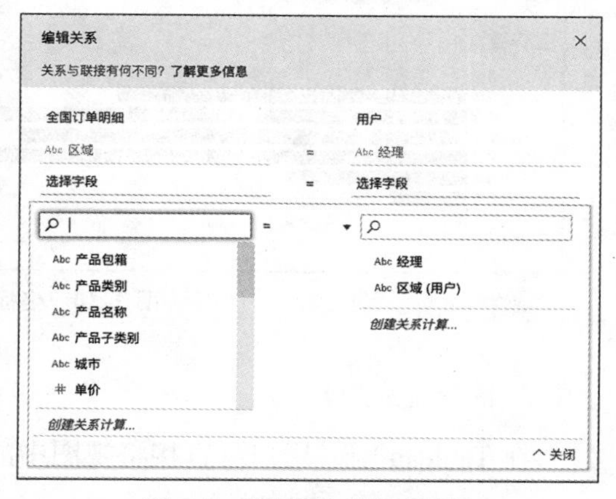

图 7–7　“编辑关系”对话框

第二节 数 据 排 序

一、快捷排序

在分析数据时，为了对数据有初步的了解，人们经常会先对数据进行排序，以查看其数值范围并判断其是否存在异常值等状况。Tableau 提供了多种快捷排序方式，可以让用户很方便地对数据进行排序操作。

1. 工具栏快捷排序

Tableau 工具栏提供了两个排序按钮，可以对视图中的选定字段进行升序或降序排列，如图 7–8 所示。排列时，可以将鼠标悬停在排列图标上，查看具体选定了什么字段进行排序，如图 7–9 所示。

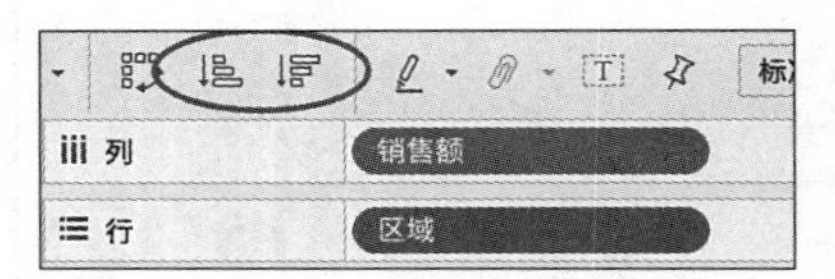

图 7–8 排序图标

图 7–9 按销售额的升序排序区域

2. 坐标轴快捷排序

在坐标轴的度量字段标题旁边有一个排序按钮，单击该按钮一次可使数据按升序排序，再次单击可使数据按降序排序，第三次单击可清除排序，如图 7–10 所示。

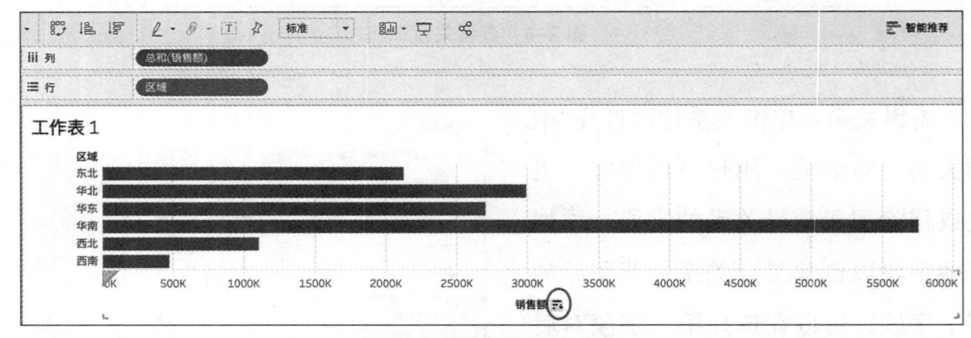

图 7–10 坐标轴排序按钮

3. 拖放排序

在 Tableau 中，用户可直接将视图中的行标题、列标题乃至图例中的任何维度成员拖曳到目标位置排序，如图 7–11 和图 7–12 所示。

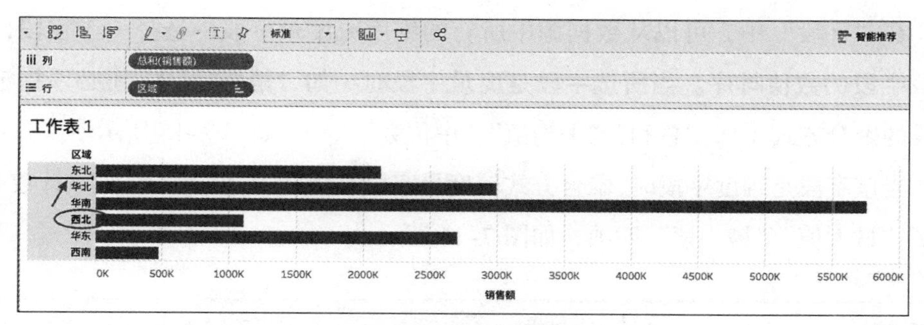

图 7–11　拖动功能 1

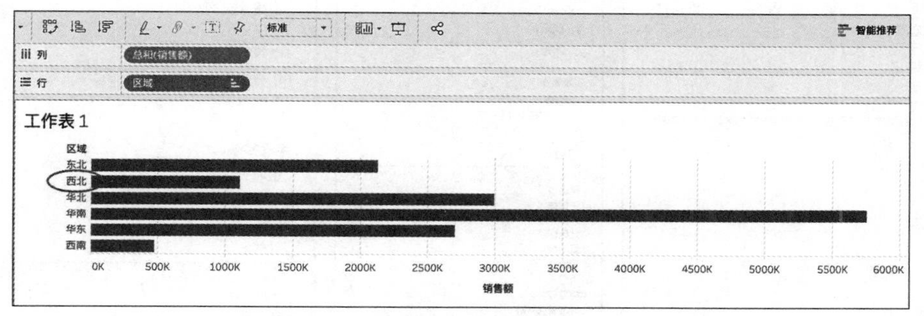

图 7–12　拖动功能 2

二、自定义排序

在“列行”功能区的任意维度字段上右击并选择“排序”选项，可打开自定义排序窗口，如图 7–13 所示。

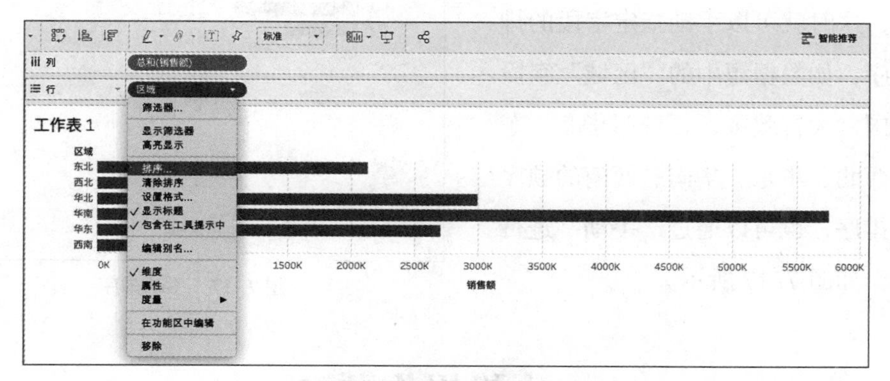

图 7–13　自定义排序进入方式

排序依据分为数据源排序、字母排序、字段排序、手动排序和嵌套排序五种。其中，字段和手动两种排序较为常用，如图 7–14 所示。

在“字段”中，可以从数据源中所有的维度或度量字段中选择一个字段，并以该字段的数值排序。当所选字段是度量字段时（如“销售额”），还必须指定该字段的聚合方式（如“总和”“平均值”“中位数”等），如图 7–15 所示。

当该字段是维度字段时，聚合方式较度量字段有所减少，仅为“计数”“计数（不同）”“最大值”“最小值”四项，如图 7–16 所示。

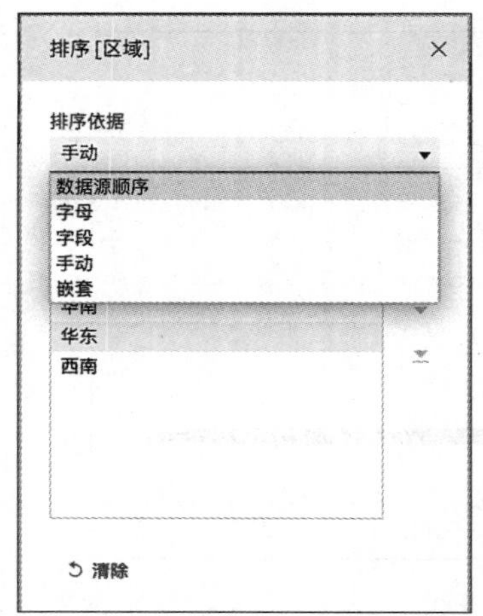

图 7–14　排序依据

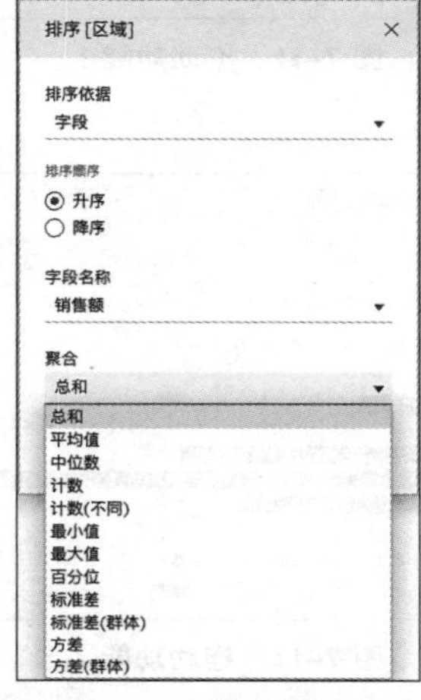

图 7–15　度量字段聚合方式

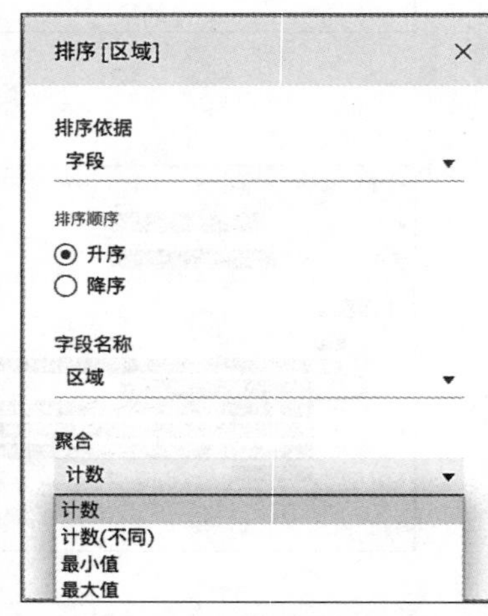

图 7–16　维度字段聚合方式

如果某维度字段的先后顺序有着约定俗成的排序组合方式，但是按字母、聚合等方式排序又不能达到预期效果，这时就可以手动指定字段的排序顺序，如数据源中的“区域”字段是中国六大行政区，要按照华北、东北、西北、华东、华南、西南的顺序进行排序，也可以通过“手动”进行排序，如图 7–17 所示。

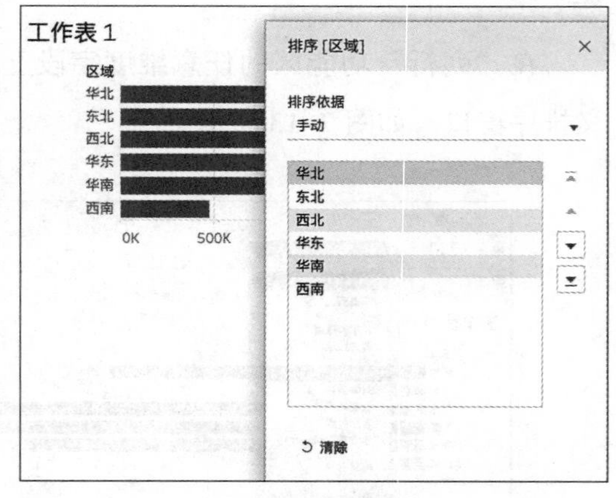

图 7–17　手动排序

上机操作题

（1）使用“某咖啡公司销售数据 .xlsx”文件，按照“利润”由高到低排序。

（2）使用“某销售数据 .xlsx”文件，与“物流订单数据 .xlsx”文件创建关系。

第八章 数据分析表达式

【学习目标】

1. 了解 Tableau 的高级操作、行级别函数的使用以及主要功能函数。

2. 熟悉 Tableau 的高级操作、Tableau 函数表达式以及表之间的计算。

3. 掌握 Tableau 的函数表达式。

【能力目标】

1. 了解主要功能函数的用法，培养自主学习的能力。

2. 熟悉 Tableau 的高级操作以及 Tableau 函数表达式，培养独立思维能力。

3. 掌握表之间的计算，培养联想能力。

【思政目标】

通过熟悉 Tableau 的高级操作以及 Tableau 函数表达式，掌握表之间的计算，启发自主思考，独立完成从直观到抽象、从感性思维到理性思维的升华。

【思维导图】

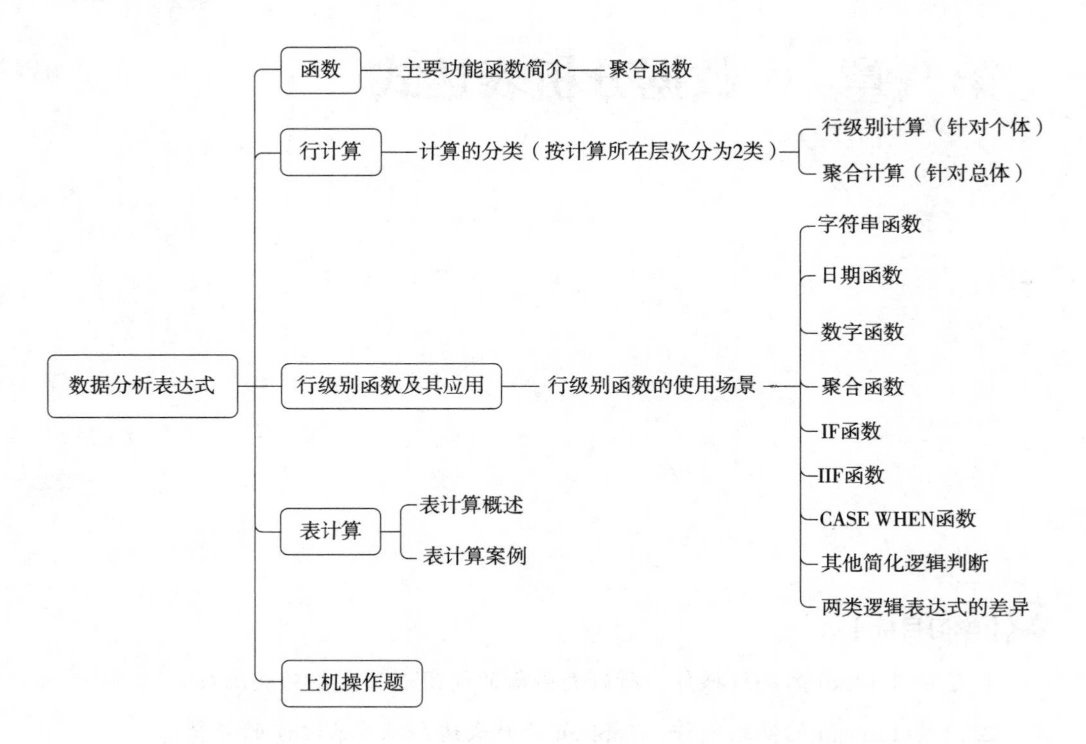

第一节　函　　数

本节着重介绍主要功能函数。

1. 用 SUM 函数构造利润率指标

将 Tableau 连接到“某公司销售数据 .xls”中的“全国订单明细”工作表后，可以看到原始数据中并没有“利润率”这一指标数据。为了解该公司各产品类别的盈利能力，可以利用 Tableau 的公式编辑器构造一个利润指标，步骤如下。

在“维度”和“度量”列表中任意选择某个变量，这里选中“销售额”，右击鼠标，在弹出的菜单中选择“创建”→“计算字段”命令，打开如图 8-1 所示的对话框。也可以将光标移至空白处，单击鼠标右键，选择“创建计算字段”菜单项，两者的区别在于，后者出现的对话框内公式编辑框中没有前者所选中的那个变量。

在图 8-1 中，在“名称”处可以对该新字段命名，其下方是公式编辑框。在公式编辑框下方有一行小字，会时刻监测公式编辑是否正确。右边是函数列表框，有各种各样的函数可供选择。函数列表框右边是对所选中函数的说明，当选中某个函数时框内就会对该函数的功能及使用方法给出说明。

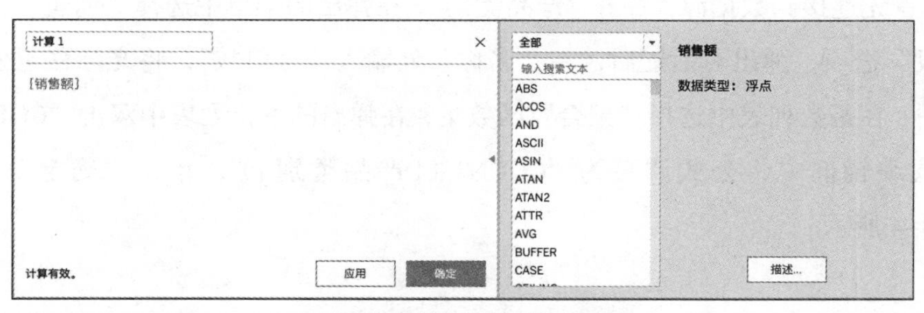

图 8–1　创建计算字段窗口

首先，在“名称”处写上“利润率”，在公式编辑器中输入：“sum（[利润额]）/ sum（[销售额]）”，下方文字将显示“计算有效”。单击“确定”按钮，如图 8–2 所示。

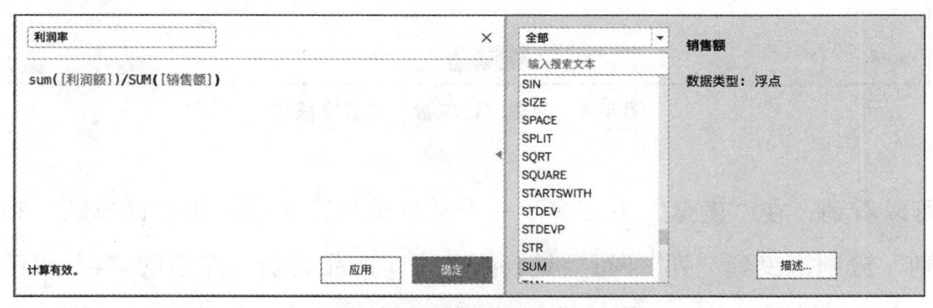

图 8–2　创建“利润率”计算字段

这时，可发现在“度量”下方多了一个“利润率”，现在，就可以像使用其他字段一样来使用“利润率”了。将“产品类别”“利润率”放到所示位置，即可看到每一种产品类别的利润，如图 8–3 所示。从图 8–3 中可以很容易发现家具产品的利润率相比其他两大类产品低了很多。单击“产品类别”左边的“+”可以钻取到每个产品子类别、每款具体产品的利润率。

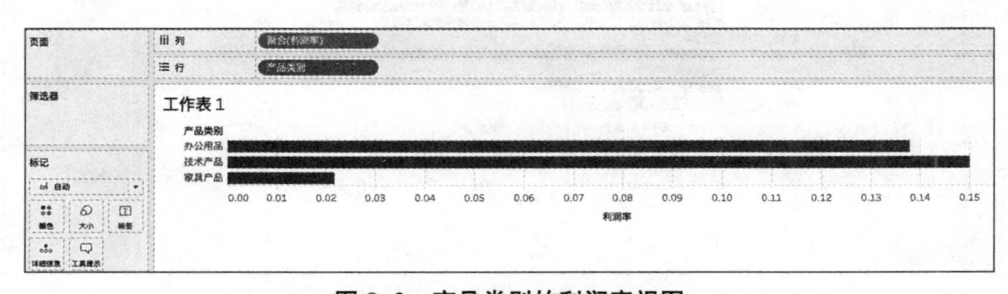

图 8–3　产品类别的利润率视图

2. 用 COUNT 函数统计产品订单数

为了解各产品类别的订单数及每个订单的利润情况，需要统计产品订单数。为此，首先连接到数据源，右击“产品类别”，在弹出的菜单中选择“创建”→“计算字段”选项，弹出对话框后，在“名称”处输入“订单数”，将光标移至公式编辑框中，在函数列表中选择“聚合”函数集，在弹出的下拉列表中双击“COUNT”，在公式编辑框中将公式调整为“COUNT([产品类别])”，单击“确定”按钮，如图 8-4 所示。

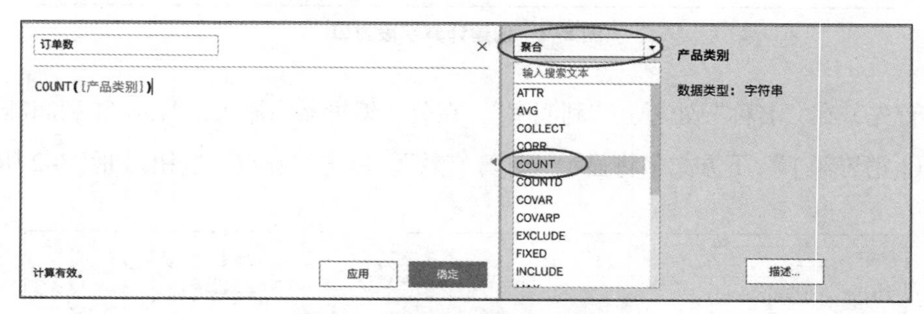

图 8-4 创建“订单数”计算字段

可以看到，在“度量”下方多了一个“订单数”字段，将“订单数”和“产品类别”分别拖曳到“列”“行”处，再单击“产品类别”左边的“+”按钮以钻取到“产品子类别”，将“利润额”拖曳到“颜色”框中，如图 8-5 所示。

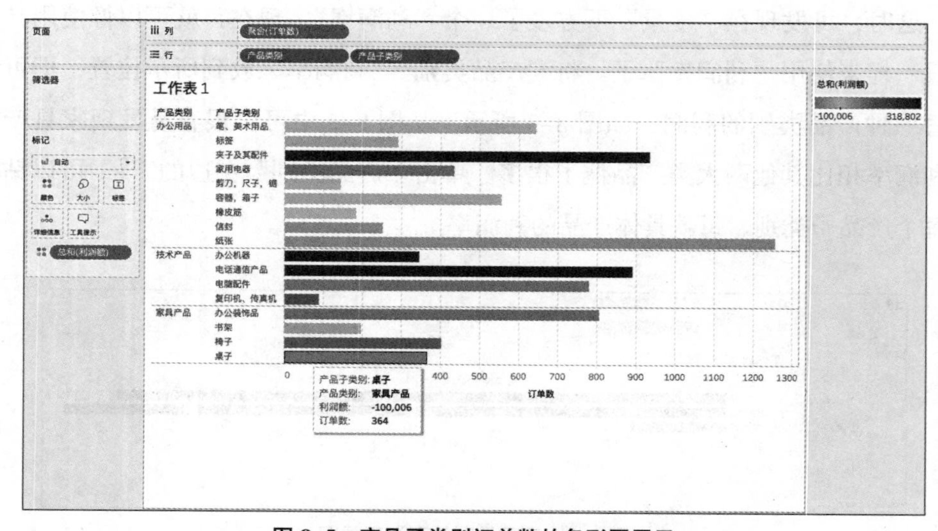

图 8-5 产品子类别订单数的条形图展示

从图 8–5 中可以发现，家具产品下的桌子共有 364 个订单，但利润额却为 –100 006 元，应引起注意。

聚合函数集还包括其他如 AVG、MAX、MIN 和 STDEV 等函数，如需要，用户可以在公式编辑过程中随时调用这些函数。

第二节　行　计　算

数据分析的关键是分析问题所在的数据层次，并将其聚拢。

FIXED LOD——（指定）独立层次聚合——FIXED（层次）: 聚合字段要求——指定层次计算。完整意义上的 FIXED LOD 是指定独立的层次完成聚合，这里的独立层次，是相对于当前数据明细级别的其他层次而言的。

不同于其他聚合函数只针对当前层次的聚合，FIXED LOD 聚合最鲜明的特点是可以指定其他层次完成聚合。聚合计算可分为以下两类。

（1）计算聚合的二次聚合的表计算（聚合的聚合）。

（2）独立于视图层次的聚合计算（FIXED LOD 表达式）。

计算是生成特定层次数据的过程，数据分析中最重要的两个基准层次是行级别和视图级别，分别对应数据库中的明细数据和视图中问题的层次，这两个级别的计算被称为行级别计算和聚合计算，如图 8–6 所示。

行级别计算针对个体，聚合计算针对总体，其区别如下。

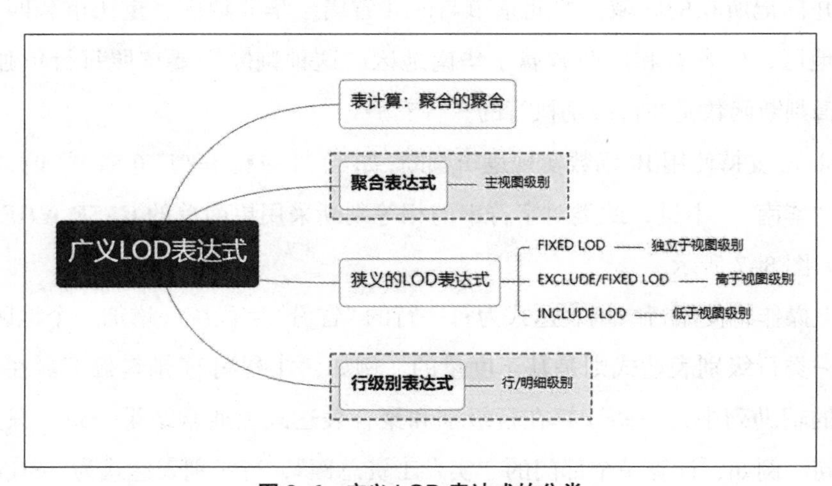

图 8–6　广义 LOD 表达式的分类

行级别只在单行内计算，每一行的结果完全不会对另一行数据产生影响；聚合计算必然是跨行计算，是对行数据的聚合计算，聚合方式可以是求和、求平均值等任意一种。二者的关键区别在于计算的方向。

Tableau 与 Excel 中的行级别计算和聚合计算如表 8-1 所示。

表 8-1 Tableau 与 Excel 中行级别计算和聚合计算

项目	Tableau	Excel	备注
行级别计算	利润 / 销售额	明细数据 * 利润 / 销售额	仅在行上有意义
聚合计算	SUM[利润]/SUM[销售额]	数据透视表 * 利润 / 销售额	灵活性好，可以随视图变化自动聚合

第三节 行级别函数及其应用

行级别计算和数据库字段一样，是所有计算的基础，本节依次介绍行级别函数的使用和这些函数的分类。

一、行级别函数的使用场景

行级别表达式类似 Excel 中的辅助列。

辅助列分为两类，即基于分类字段的辅助列和基于度量的辅助列。

举例说明，在表 8-2 所示的物流信息表中，若想进行“各地区物流应付金额”分析，但数据中未含有“地区”字段，那么就需增加一个辅助列，从数据库中查询省份并标记所在的区域，如北京市与河北省属于华北地区、重庆市和四川省属于西南地区、广东省和广西省属于华南地区。这种判断需要按照每行单独判断，因此逻辑判断函数是在行级别执行的。

Tableau 支持使用 IF 函数实现逻辑判断，如当“[省份]=" 广东省 "”时，“地区”显示为“华南”，不过，此类对字符串的相等判断采用更简单的 CASE WHEN 函数更佳，如图 8-7 所示。

以上操作将使用行级别表达式为每一行的“省份”字段统一增加一个地区标签。

另一类行级别表达式则是基于度量的。例如，“[利润]/[销售额]”。在只有加减运算的辅助列中，一些计算在行级别和聚合表达式上通常结果一致，只是诠释方式不同。例如，计算一个部门的“实发工资总额”，行级别表达式为“ SUM（[应

表 8-2 基于行级别的判断示例

ID	订单号	日期	省份	重量 / 千克	应付金额 / 元
1	9897748084059	2020/2/18	广东省	1	4.75
2	9897748102303	2020/2/18	广西壮族自治区	9	13.6
3	9897748087349	2020/2/18	广东省	1	4.75
4	9897748098593	2020/2/18	广东省	3	4.75
5	9897748102299	2020/2/18	广东省	1	4.75
6	9897748091376	2020/2/18	广西壮族自治区	3	7.6
7	9897748087360	2020/2/18	广东省	3	4.75
8	9897748084128	2020/2/18	广东省	1	4.75
9	9897748084143	2020/2/18	北京市	1	13.3

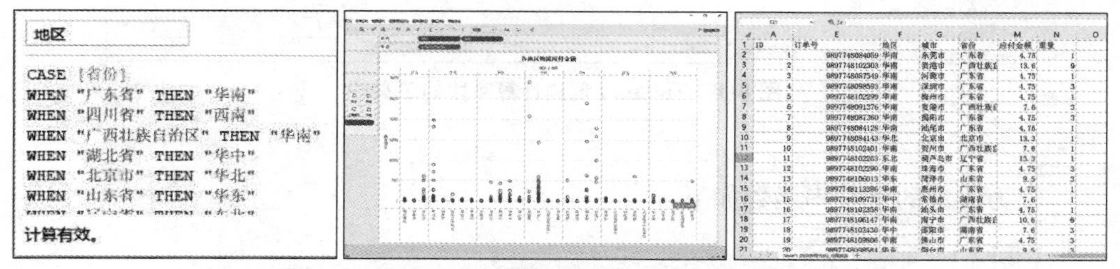

图 8-7 使用 CASE WHEN 函数在每一行创建辅助字段

发工资])-SUM([扣除工资])”；聚合表达式为“SUM([应发工资]-[扣除工资])”。以上二者结果相同，只是诠释方式不同。

总而言之，数据分析中的计算以聚合计算为主，各种行级别函数及其计算为视图的聚合计算提供了数据源，下面将依次介绍行级别函数及其用法。

二、字符串函数

最经典的行级别函数就是字符串函数，此类函数也叫字符串处理函数，是指用来进行字符串数据处理的函数。它们可以对各类字符做清理、截取、拆分、合并、查找、替换等操作，如截取函数 LEFT、RIGHT、MID，拆分函数 SPLIT，查找函数 FIND，替换函数 REPLACE 等。

在 Tableau 中，常见的字符串功能（如字段合并、字段内拆分）都被内置到了鼠标右键的快捷菜单中，方便简单。更多的函数可以通过选择“分析”→“创建计算字段”选项来实现。写计算字段时用户需要善于借助函数辅助公式、确认语法正确，同时要注意右下角的表达式状态信息可以确认表达式计算有效或错误，如图 8-8 所示。

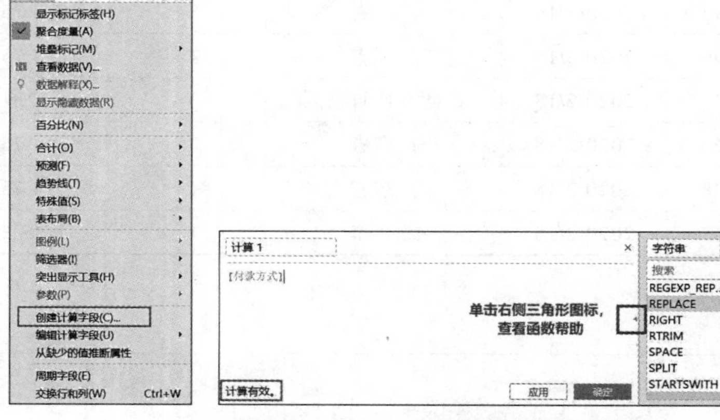

图 8-8　Tableau 创建计算字段的工具栏

较为关键的字符串函数如下。

1. LEFT

功能：返回字符串中最左侧一定数量的字符。

语法：“LEFT(string，number)”。

参数：string 为要提取字符的字符串，number 为提取的字符数量。

示例：“LEFT("Tableau"，2)="Ta"”。

2. RIGHT

功能：返回字符串中最右侧一定数量的字符。

语法：“RIGHT(string，number)”。

参数：string 为要提取字符的字符串，number 为提取的字符数量。

示例：“RIGHT("Tableau"，2)="au"”。

3. MID

功能：返回从索引位置开始的字符串，字符串中第一个字符的位置为 1。

语法：“MID(string，start，[length])”。

参数：string 为搜索的字符串，start 为索引的开始位置，length 为提取的字符长度。

示例："MID("Tableau"2，4)="able""。

4. LEN

功能：返回字符串的长度。

语法："LEN(string)"。

参数：string 为要统计长度的字符串。

示例："LEN("Tableau")=7"。

5. LTRIM

功能：返回移除字符串所有左侧空格后的结果字符串。

语法："LTRIM(string)"。

参数：string 为要移除左侧空格的源字符串。

示例："LTRIM("Tableau")="Tableau""

6. RTRIM

功能：返回移除字符串所有右侧空格后的结果字符串。

语法："RTRIM(string)"。

参数：string 为要移除右侧空格的源字符串。

示例："RTRIM("Tableau")="Tableau""

7. TRIM

功能：返回移除字符串左侧和右侧空格后的结果字符串。

语法："TRIM(string)"。

参数：string 为要移除左侧和右侧空格的源字符串。

示例："TRIM("Tableau")="Tableau""

8. STARTSWITH

功能：如果给定字符串以指定的子字符串开头，就返回 true（此时会忽略前导空格）。

语法："STARTSWITH(string，substring)"。

参数：string 为给定的字符串，substring 为指定的子字符串。

示例："STARTSWITH("Joker"，"Jo")=true"。

9. ENDSWITH

功能：如果给定字符串以指定的子字符串结尾，就返回 true（此时会忽略尾随空格）。

语法：“ENDSWITH(string，substring)”。

参数：string 为给定的字符串，substring 为指定的子字符串。

示例：“ENDSWITH("Tableau"，"leau")=true”。

10. FIND

功能：返回子字符串在给定字符串中的索引位置，如果未找到该子字符串就返回 0。

语法：“FIND(string，substring，[start])”。

参数：string 为给定的字符串，substring 为指定的子字符串，start 为起始位置。

示例：“FIND("Tableau"，"a")=2”。

11. FINDTH

功能：返回给定字符串内第 *n* 个子字符串的位置,其中 *n* 由 occurrence 参数定义。

语法：“FINDTH(string，substring，occurrence)”。

参数：string 为给定的字符串，substring 为指定的子字符串，occurrence 为子字符串的序号。

示例：“FINDTH("Calculation"，"a"，2)=7”。

FIND 函数可以返回被查找字符所在的位置，如图 8–9 所示，而 FINDNTH 函数则可以返回被查找字符第 *n* 次出现的位置（NTH 是“第 *n* 次”），需注意二者的结果都是数字。

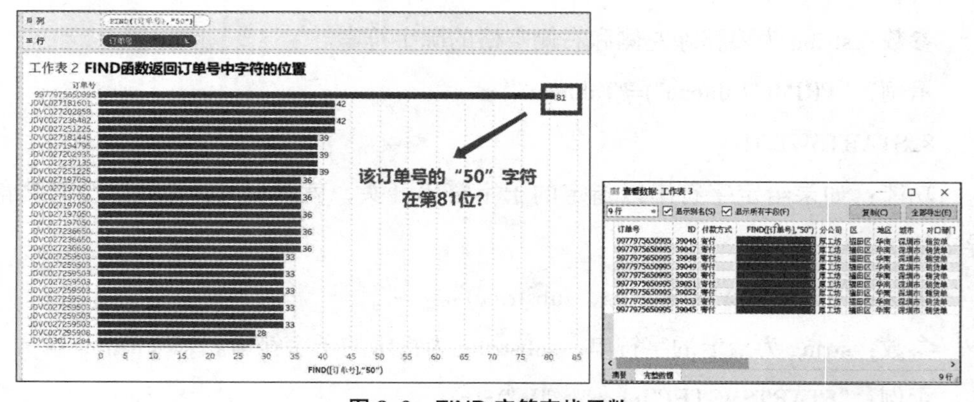

图 8–9　FIND 字符查找函数

在 Tableau 中，只要结果是度量，加入视图后默认都会被聚合，由于 FIND 函数的返回值为数值，因此行级别的计算结果被聚合了，如图 8–10 所示该订单号对

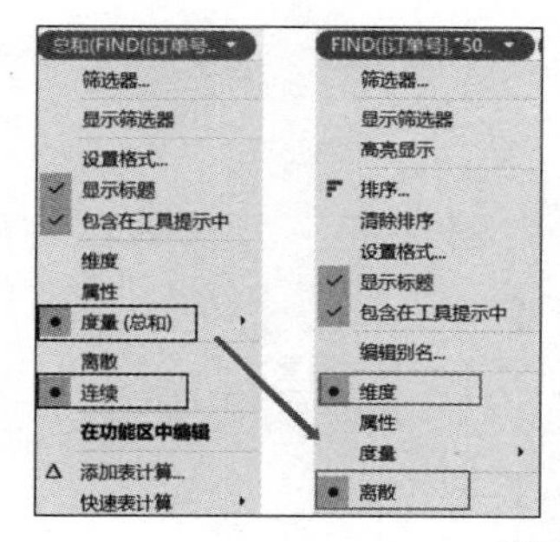

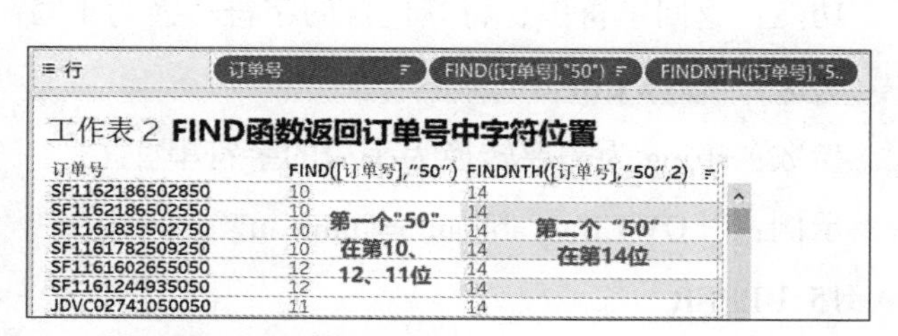

图 8–10　使用维度查看 FIND 函数结果

应的 81 是 9 行数据的聚合（FIND 函数返回的结果是 9）。为了查看每个订单号的情况，可在 FIND 函数上右击，在弹出的下拉菜单中将其从“连续”“度量”改为“离散”“维度”，并将之拖曳到订单后面。

12. CONTAINS

功能：如果给定字符串中包含指定的子字符串，就返回 true。

语法：“CONTAINS(string，substring)”。

参数：string 为给定的字符串，substring 为指定的子字符串。

示例：“CONTAINS("Calculation"，"alcu")=true”。

和 FIND 函数类似，CONTAINS 函数用于验证字段中是否包含被查找的字段，如果是，则返回 true，否则返回 false。因此该函数也是典型的布尔判断，这个判断通常与逻辑判断相结合。

例如，当字符串中包含“XX”字符时，将之定义为“危险”，否则将之定义为“正常”，此时即可使用逻辑函数 IIF 辅助 CONTIANS 函数，代码如下。

```
IIF（CONTIANS（[ 被查找字段 ]，"X X"），" 危险 "，" 正常 "）
```

13. REPLACE

功能：在给定的字符串中搜索子字符串，并将其替换为指定的目标字符串，若未找到就保持不变。

语法：“REPLACE(string，substring，replacement)”。

参数：string 为给定的字符串，substring 为要搜索的子字符串，replacement 为要替换的目标字符串。

示例：“REPLACE("Tableau2019"，"2019"，"2020")="Tableau2020"”。

14. LOWER

功能：返回字符串，将其包含的字符转换为小写。

语法："LOWER(string)"。

参数：string 为需要转换为小写的字符串。

示例："LOWER("Tableau")="tableau""。

15. UPPER

功能：返回字符串，将其包含的字符转换为大写。

语法："UPPER(string)"。

参数：string 为需要转换为大写的字符串。

示例："UPPER("Calculation")="CALCULATION""。

实际的业务分析中通常会有大量的字符串判断，FIND、REPLACE、CONTAINS 等字符串函数能帮助用户有效地整理数据。

三、日期函数

日期是非常特殊的维度字段，其兼具离散和连续性，并自带层次特征：从年到季度、季度到月、月到周、周再到日，依此类推，如图 8-11 所示。这种层次性是使用日期字段和创建日期函数的基础。

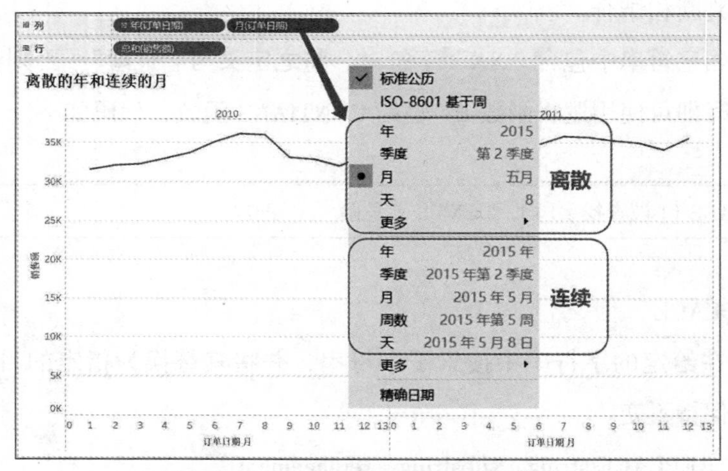

图 8-11 日期的层次和离散 / 连续属性

正因为日期自带层次结构，所以在分析中可以通过调整日期层次快速调整整个视图的层次。常见的日期层次有年 / 季度 / 月 / 天（离散），还有年 / 年季度 / 年

月 / 年周 / 年月日（连续），右击日期字段后可以在弹出的下拉菜单中快速调整这些层次。

日期默认是连续的，连续的日期坐标轴有一个明显特征：坐标轴分别向前、向后延伸一段距离，代表前后还有更多日期。日期也可以被改为离散，离散显示是为了更好地展示相互之间的差异而非总体趋势。

日期函数用于对数据源中的日期进行操作。Tableau 提供了多种日期函数，许多日期函数使用时间间隔（date_part）作为一个常量字符串参数，日期函数中可以使用的有效 date_part 参数值如表 8-3 所示。

表 8-3　日期函数中可以使用的有效 date_part 参数值

date_part	参数值
'year'	4 位数年份
'quarter'	第 1~4 季度
'month'	1~12 月或 January、February 等月份
'dayofyear'	一年中的第几天；1 月 1 日为 1、2 月 1 日为 32，以此类推
'day'	1~31 天
'weekday'	星期一 ~ 日或 Sunday、Monday 等
'week'	1~52 周
'hour'	0~23 小时
'minute'	0~59 分钟
'second'	0~59 秒

1. NOW

功能：返回当前日期和时间。

语法：“NOW(　)”。

参数：无。

示例：“NOW(　)=2021-07-22 15: 00: 00PM”。

2. TODAY

功能：返回当前日期。

语法：“TODAY(　)”。

参数：无。

示例：“TODAY(　)=2021-07-22”。

3. DAY

功能：以整数形式返回给定日期中的天数。

语法："DAY(date)"。

参数：date 为日期格式的数据。

示例："DAY(#2021-07-22#)=22"。

4. MONTH

功能：以整数形式返回给定日期中的月份。

语法："MONTH(date)"。

参数：date 为日期格式的数据。

示例："MONTH(#2021-07-22#)=07"。

5. YEAR

功能：以整数形式返回给定日期中的年份。

语法："YEAR(date)"。

参数：date 为日期格式的数据。

示例："YEAR(#2021-07-22#)=2021"。

6. DATEDIFF

功能：返回两个日期之间的差，以时间间隔的单位表示，如图 8-12 所示。

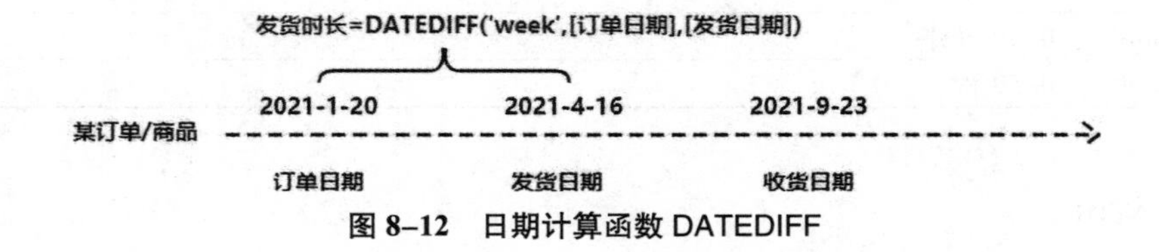

图 8-12　日期计算函数 DATEDIFF

语法："DATEDIFF(date_part,date1,date2,[start_of_week])"。

参数：date_part 为日期频率；date1 和 date2 为日期格式数据；start_of_week 为开始周数。

例如，"DATEDIFF（'day', [订单日期], [运送日期]）" 将返回 "运送日期" 与 "订单日期" 的天数之差，如图 8-13 所示。

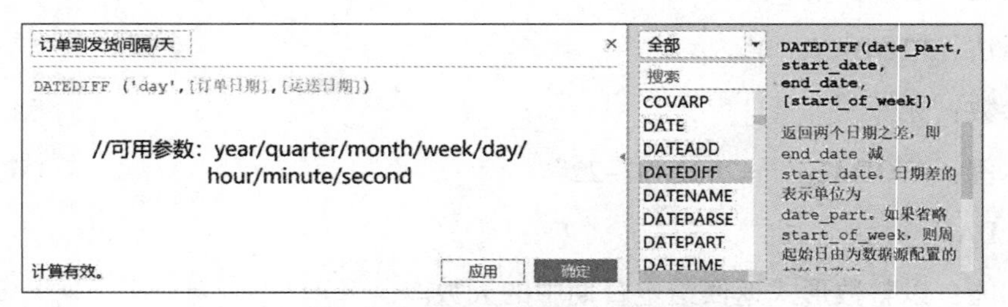

图 8-13　DATEDIFF 函数的用法

在业务分析时经常要计算两个日期之间的间隔，如计算订单的运送日期到收货日期之间的间隔就需要用到 DATADIFF 函数，使用该函数的关键是必须指定间隔的单位。

DATEADD 函数与之类似，相当于在指定的日期上增加一个特定的时长。

例如，若企业需将每月 26 日（含）之后的业绩算到次月统计，那么可通过 Tableau 创建一个辅助字段，自动为每个日期调整统计月份。

创建一个辅助列“统计月份”，让“订单日期”中的 26~31 日顺移到下一个月，所有日期增加 6 天即可，表达式如图 8–14 所示。

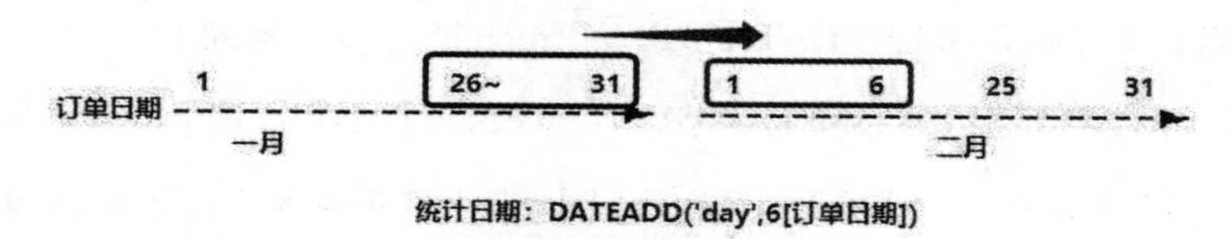

图 8–14　统计日期表达式示意图

这样即可使用新字段的“年月”部分作为统计月份创建视图和筛选数据了。

7. DATENAME

功能：以字符串的形式返回日期的时间间隔。

语法：“DATENAME(date_part，date，[start_of_week])”。

参数：date_part 为日期频率，date 为日期格式数据，start_of_week 为开始周数。

示例：“DATENAME('month'，#2021–07–22#)='July'”。

前面的日期创建和日期转换都是为了创建标准的日期格式，日期计算也是基于标准日期格式才有效。不过，有时也需要提取日期中的某一部分，从而简化分析工作，这一类函数被统称为日期部分函数，最典型的是 DATEPART 函数，如图 8–15 所示。

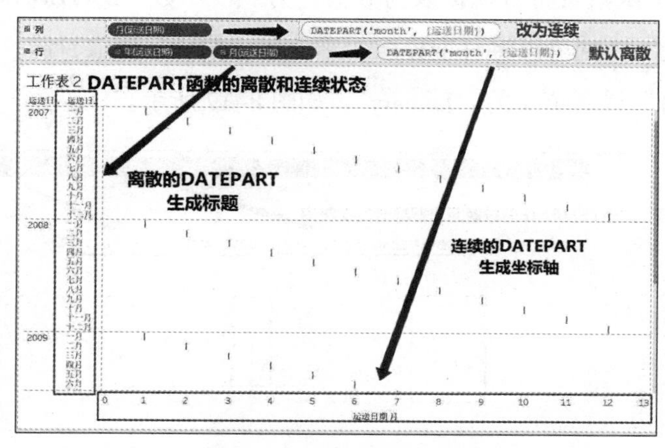

图 8–15　DATEPART 函数

实际上，虽然 DATEPART 函数的运算结果是数字，但其默认是离散显示。既然它是数字，那么就意味着必要时用户依然可以将其改为连续。

为了进一步简化提取的日期部分函数的工作，Tableau 提供了多种常见的日期简化函数：

YEAR（[订单日期]）=DATAPART（"year", [订单日期]）// 结果为年

QUARTER（[订单日期]）=DATAPART（"quarter", [订单日期]）// 结果为季度 1~4

MONTH（[订单日期]）=DATAPART（"month", [订单日期]）// 结果为月 1~12

WEEK（[订单日期]）=DATAPART（"week", [订单日期]）// 结果为周 1~54

DAY（[订单日期]）=DATAPART（"day", [订单日期]）// 结果为天 1~31

Tableau 将这几个常见的函数内置在创建的日期字段中，如图 8–16 所示。

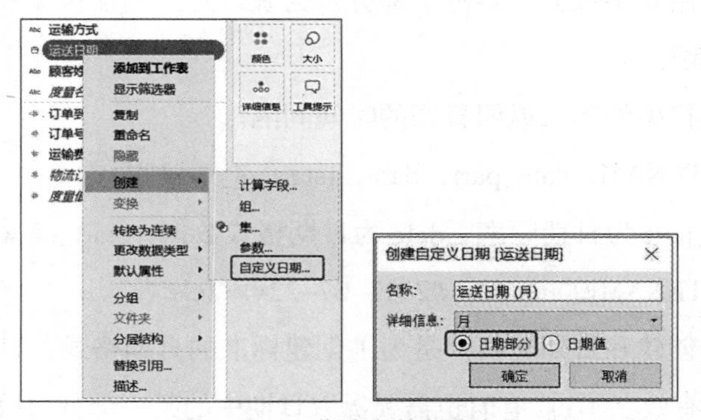

图 8–16　日期字段的创建方式

DATEPART 函数可将日期提取为数值，另一个函数“DATENAME（date_part, [标准日期字段]）”则可以将日期提取为字符串。例如，提取月度，返回的字符串结果就是“1 月”或者英文的“January”，如图 8–17 所示。

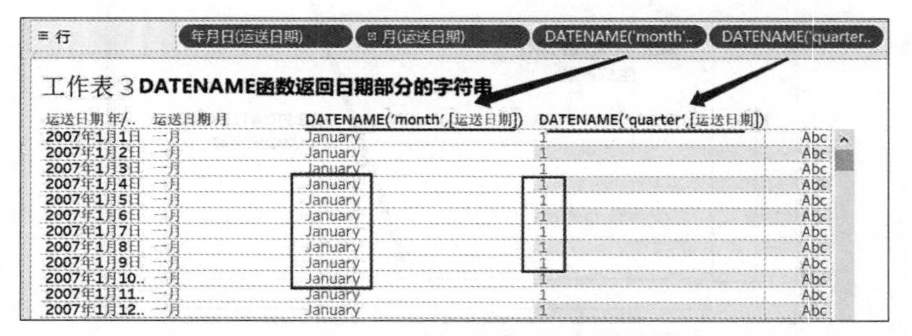

图 8–17　用 DATENAME 函数提取日期某个部分的名称

8. DATEPART

功能：以整数的形式返回日期的时间间隔。

语法："DATEPART(date_part，date，[start_of_week])"。

参数：date_part 为日期频率，date 为日期格式数据，start_of_week 为开始周数。

示例："DATEPART('month'，#2021-07-22#)=7"。

用字符串保存的日期都需要转换为"日期"类型才能充分地被用于时间序列分析。最常见的转换方式是修改字段的数据类型，日期类型对应的是 DATE 函数，日期时间函数对应的是 DATETIME 函数，如图 8-18 所示。

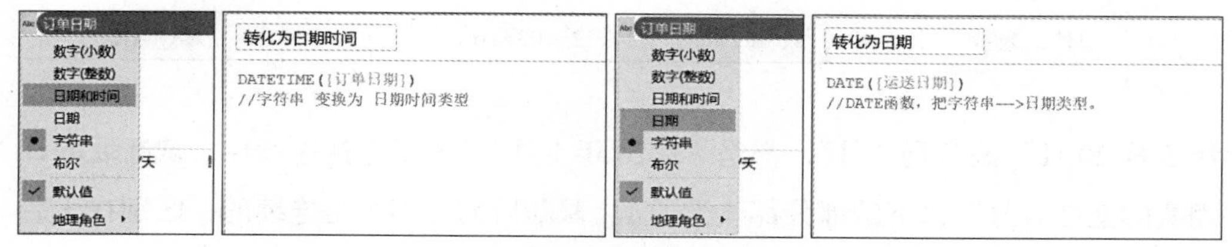

图 8-18 日期转化函数

9. DATE

功能：在给定数字、字符串或日期表达式的情况下返回日期。

语法："DATE(expression)"。

参数：expression 为给定的数字、字符串或日期表达式。

示例："DATE("July 22，2021")=#July 22，2021#"。

10. DATETIME

功能：在给定数字、字符串或日期表达式的情况下返回日期时间。

语法："DATETIME(expression)"。

参数：expression 为给定的数字、字符串或日期表达式。

示例："DATETIME("July 22，2021 15：00：00")=July 22，2021 15：00：00"。

这种通过单击字段更改类型的方式适用于比较标准的格式转换，若将之用于转换复杂格式则经常会转换失败，所以 Tableau 提供了更加基础的转化函数 DATEPARSE，其可将字符串映射为标准的日期格式。

日期解析函数 DATAPARSE 的常用符号对照关系如表 8-4 所示。

DATETRUNC 函数与 DATEPARSE 函数不同，它被用于调整日期字段的层次。DATETRUNC 函数可将日期截断到指定的层级。例如，"2020 年 1 月 1 日"和"2020

表 8–4 日期解析函数 DATAPARSE 的常用符号对照关系

日期部分	符号	示例字符串	示例格式
年	Y	2020、97、1	YYYY、YYY、YY、Y
年代	G	AD	GGGG
月	M	9、09、Sep、September	M、MM、MMM、MMMM
年中的周（1~52）	W	8、25	w、ww
月中的天	D	4、16	d、dd
年中的天（1~365）	D	55、304	DDD、DDD
期间	A	AM、am、PM	aa、aaaa
小时（0~11），小时（0~23）	h、H	4、16、07	h、HH、hh
分钟	M	9、23	m、mm
秒，毫秒	s、A	24、2、03416	s、ss、AAAAA

年 1 月 20 日”截断到“月”，都是“2020 年 1 月”，为了保持连续性，截断后的日期实际上把“月”以下的部分都改为了 1。截断后的日期都是连续的，区别在于后面的 DATEPART 函数。

Tableau 实际上将 DATETRUNC 函数内置到了日期类型数据的“创建”→“自定义日期”中，如图 8–19 所示。在“发货日期”字段上右击，在弹出的下拉菜单中选择“创建”→“自定义日期”菜单项即可。

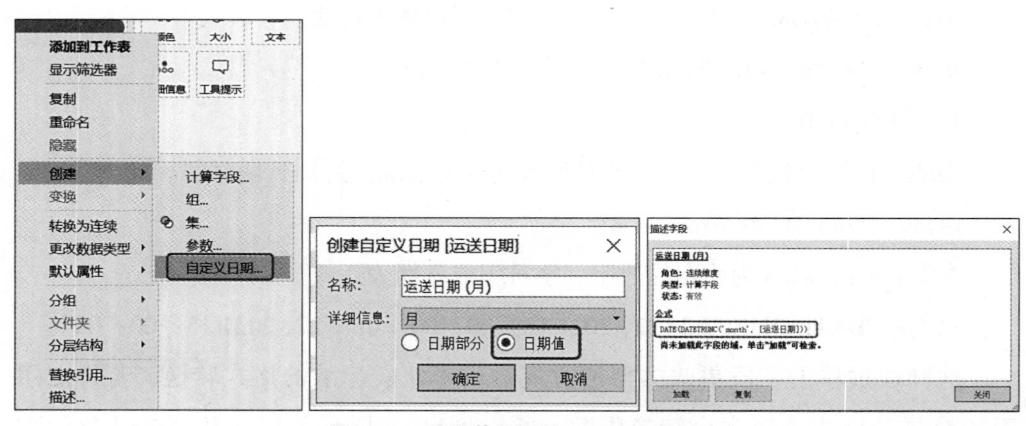

图 8–19 日期截断函数 DATETRUNC

四、数字函数

数字函数被用于字段中的数值运算，且只能被用于包含数值的字段。数字函数的功能和用法如下。

1. ABS

功能：返回给定数字的绝对值。

语法："ABS(number)"。

参数：number 为需要计算其绝对值的数值。

示例："ABS(–2.08)=2.08"。

2. CEILING

功能：将数字舍入为值相等或更大的最近整数。

语法："CEILING(number)"。

参数：number 为要舍入的数值。

示例："CEILING(3.14)=4"。

3. FLOOR

功能：将数字舍入为值相等或更小的最近整数。

语法："FLOOR(number)"。

参数：number 为要舍入的值。

示例："FLOOR(3)=3"。

4. DIV

功能：返回整数 1 除以整数 2 的结果的整数部分。

语法："DIV(number1，number2)"。

参数：number1 是被除数，number2 是除数。

示例："DIV(17，2)=8"。

5. EXP

功能：返回 e 的给定数字次幂。

语法："EXP(number)"。

参数：number 为底数 e 的指数。

示例："EXP(2)=7.389"。

6. LN

功能：返回数字的自然对数，自然对数以常数 e（2.71828182845904）为底数。

语法："LN(number)"。

参数：number 为想要计算其自然对数的实数。

示例："LN(EXP(3))=3"。

7. LOG

功能：返回数字以给定底数为底的对数，如果省略底数值，则底数将默认被设为 10。

语法："LOG(number，[base])"。

参数：number 为想要计算其对数的正实数；base 为对数的底数，若省略，则其值为 10。

示例："LOG(100，10)=2"。

8. MAX

功能：返回两个参数（必须为相同数据类型）中的较大值，如果有参数为 Null 则返回 Null。

语法："MAX(number，number)"。

参数：number 为需要比较大小的数值或文本。

示例："MAX(806.16，869.92)=869.92"。

9. MIN

功能：返回两个参数（必须为相同数据类型）中的较小值，如果有参数为 Null 则返回 Null。

语法："MIN(number，number)"。

参数：number 为需要比较大小的数值或文本。

示例："MIN(Null，869.92)=Null"。

10. POWER

功能：返回计算数字的指定次幂。

语法："POWER(number，power)"。

参数：number 为基数，可以为任意实数；power 为基数乘幂运算的指数。

示例："POWER(5，2)=25"，也可以使用"^"符号，如"5^2=POWER(5，2)=25"。

11. ROUND

功能：将数字舍入为指定位数。

语法："ROUND(number，[decimals])"。

参数：number 为要四舍五入的数字，decimals 为数字舍入后指定的位数。

示例："ROUND([销售额]，2)"表示将"销售额"的值四舍五入为两位小数。

12. SIGN

功能：返回数字的符号，当数字为负时返回 -1，数字为零时返回 0，数字为正时返回 1。

语法："SIGN(number)"。

参数：number 为任意实数。

示例：若"利润额"字段的平均值为负值，则"SIGN([利润额])=-1"。

13. SQRT

功能：返回数值的平方根。

语法："SQRT(number)"。

参数：number 为要计算其平方根的数字。

示例："SQRT(36)=6"。

14. SQUARE

功能：返回数值的平方。

语法："SQUARE(number)"。

参数：number 为要计算其平方的数字。

示例："SQUARE(7)=49"。

15. PI

功能：返回数值常量。

语法："PI()"。

参数：无。

示例："PI()=3.14159"。

数据类型转换函数被用于将字段从一种数据类型转换为另一种数据类型。例如，"STR（[折扣]）"表示将数值类型的"折扣"转换为字符串值，使 Tableau 无法对其进行聚合。数据分析的前提是确保每个字段的类型是正确的，因此类型转换被视为数据整理的必备工作。通常情形下，手动的类型转换、格式设置和函数计算可以满足大部分的需求。

Tableau 常用的数据类型有数字（小数）、数字（整数）、日期、日期时间和字符串，分别对应 FLOAT、INT、DATE、DATETIME、STR 等关键字。

以下函数主要用于处理数据的类型转换。

16. DATE

功能：在给定数字、字符串或日期表达式的情况下返回日期。

语法："DATE(expression)"。

参数：expression 为给定的数字、字符串或日期表达式。

示例："DATE("July 22，2021")=#July 22，2021#"。

17. DATETIME

功能：在给定数字、字符串或日期表达式的情况下返回日期时间。

语法："DATETIME(expression)"。

参数：expression 为给定的数字、字符串或日期表达式。

示例："DATETIME("July 22，2021 15：00：00")=July 22，2021 15：00：00"。

18. FLOAT

功能：将参数转换为浮点数。

语法："FLOAT(expression)"。

参数：expression 为给定的数字或字符串表达式。

示例："FLOAT(3)=3.000"，"FLOAT([Age])" 已将 Age 字段中的每个值转换为浮点数。

19. INT

功能：将参数转换为整数；如果参数为表达式，则此函数会将结果截断为最接近于 0 的整数。

语法："INT(expression)"。

参数：expression 为给定的数字或字符串表达式。

示例："INT(8.0/3.0)=2""INT(4.0/1.5)=2""INT(0.50/1.0)=0""INT(−9.7)=−9"，其将字符串转换为整数时会先将之转换为浮点数，然后舍入。

20. STR

功能：将参数转换为字符串。

语法："STR(expression)"。

参数：expression 为给定的数字、字符串或日期表达式。

示例："STR([Age])" 会提取名为 Age 的度量字段中的所有值，并将这些值转换为字符串。

五、聚合函数

前面讲的行级别函数都是在某行之内计算的，它们增加了字段的列，但并没有实现行与行之间的计算，所以不能被归为聚合过程。根据基本判断依据，聚合必然存在多行之间的比较和计算。聚合函数被用于进行汇总或更改数据的粒度，被用于对一组数据进行计算并返回单个值，故也被称为组函数。

最常用的聚合函数是 SUM 和 AVG。表计算和 LOD 表达式也是聚合计算，不过由于其和这里的聚合过程完全不同，因此其将被作为单独的分类介绍。

Tableau 主要的聚合函数包括求和函数 SUM、求平均值函数 AVG、最大值函数 MAX、最小值函数 MIN、计数（重复）函数 COUNT、计数（不重复）函数 COUNTD、中位数函数 MEDIAN 等。

用户可以根据需要修改字段的默认聚合方式，如“运输费用”字段的默认聚合没有意义，其有两种操作方式，如图 8-20 所示。

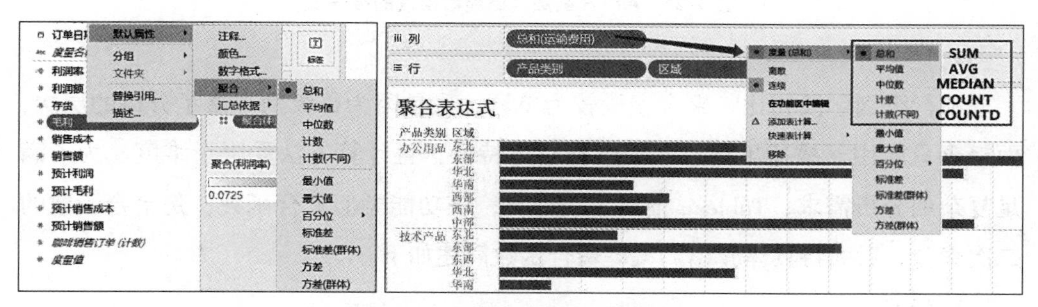

图 8-20　为字段设置默认聚合方式

（1）在视图“数据”窗格中找到“运输费用”字段，右击鼠标，在弹出的下拉菜单中选择“默认”→“聚合”→“平均值”选项，双击该字段，则视图中所有聚合即为“平均值”。

（2）在视图中右击“总和（运输费用）”选项，在弹出的下拉菜单中选择“度量（总和）”→“平均值”选项即可修改该字段的聚合方式。

此外，还有一些统计函数也属于聚合类别，如 PERCRNTLE（百分位）、CORR（皮尔森相关系数）、COVAR（样本协方差）、COVARP（总体协方差）、STDEV（样本协方差）、STDEVP（总体协方差）等，它们都是从样本的很多数值中计算得出的特征值，用户可以右击度量字段，在弹出的下拉菜单中选择“度量”。

属性函数 ATTR 被用于返回唯一属性或者“*”（通配符），这里可以将其理解为对多个维度的唯一性计算函数——唯一就返回函数本身。由于 ATTR 函数也是聚合函数，所以它不会影响数据的详细级别，如图 8-21 所示，假定这是某物流公司的物流信息分析，左侧是每个类别下每个订单号的物流城市（详细级别是城

市 * 订单号），那么对订单号做属性聚合（对应 ATTR 函数）之后就是每个城市的物流信息，同时显示每个分类的唯一订单号码，由于“定安县”下有 5 个订单号，因此这里返回“*”。

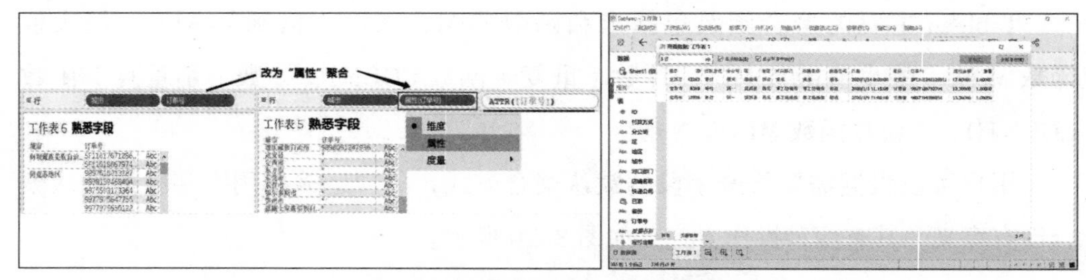

图 8–21　ATTR 函数返回离散维度的唯一值

和行级别字段相比，聚合字段较为单调，这是因为行级别丰富了分析的层次，而聚合只能用于描述不同层次的数据总体特征，且计算方法受限于维度。为了满足复杂的分析需求，Tableau 推出了表计算，该功能类似聚合函数，是聚合函数的二次聚合，后面将具体介绍。关键聚合函数简述如下。

1. AVG

功能：返回给定表达式中所有值的平均值，且只能用于数字字段并会忽略 Null 值。

语法：“AVG(expression)”。

参数：expression 为给定的数值表达式。

示例：“AVG([销售额])=586.09”。

2. COUNT

功能：返回给定组中的项目数，但不对 Null 值计数。

语法：“COUNT(expression)”。

参数：expression 为给定的数字、字符串或日期表达式。

示例：“COUNT([支付方式])=19490”。

3. COUNTD

功能：返回给定组中不同项目的数量，但不对 Null 值计数。

语法：“COUNTD(expression)”。

参数：expression 为给定的数字、字符串或日期表达式。

示例："COUNTD([支付方式])=4"。

4. VAR

功能：基于样本返回给定表达式中所有值的统计方差。

语法："VAR(expression)"。

参数：expression 为给定的数值表达式。

示例："VAR([利润额])=1.7161"。

5. STDEV

功能：基于样本返回给定表达式中所有值的统计标准差。

语法："STDEV(expression)"。

参数：expression 为给定的数值表达式。

示例："STDEV([利润额])=1.31"。

6. PERCENTILE

功能：从给定表达式中返回与指定数字对应的百分位处的值，指定数字介于0~1。

语法："PERCENTILE(expression，number)"。

参数：expression 为给定的数值表达式，number 为介于 0~1 的数值。

示例："PERCENTILE([利润额]，0.25)=0.586"。

逻辑函数被用于判断，既可以被用于维度也可以被用于度量，既可以被用于行级别明细数据，也可以被用于视图级别聚合数据。

逻辑函数中最重要的是 IF 函数，除 IF 函数之外的其他函数都可以被视为 IF 函数在某种特殊情况下的简化形式，如仅有一次判断的 IIF 函数，适用于"等于判断"的 CASE WHEN 函数，适用于日期格式判断的 ISDATE 函数，适用于空值判断的 IFNULL 函数、ISNULL 函数和 ZN 函数等。

另外，逻辑函数中还有几个常用的判断字段，如 AND 代表同时满足两个条件、OR 代表至少满足一个条件、NOT 代表条件的反面等。

初学者需先学习和理解 IF 函数的逻辑及应用，再不断学习并优化逻辑判断。

1. CASE...WHEN...THEN...ELSE...END

功能：使用 CASE 函数执行逻辑测试并返回指定的值。

语法："CASE expression WHEN value1 THEN return1 WHEN value2 THEN return2 ... ELSE default return END"。

参数：expression 为给定的数字、字符串或日期表达式。

示例："CASE[Region]WHEN "West" THEN 1 WHEN "East" THEN 2 ELSE 3 END"。

2. IIF

功能：使用 IIF 函数执行逻辑测试并返回指定的值，其功能类似 Excel 中的 IF 函数。

语法："IF(test，then，else，[unknown])"。

参数：test 为判断条件，当结果为真时就取 then 部分，否则取 else 部分。

示例："IIF(7>5，"Seven is greater than five"，"Seven is less than five")"。

3. IF…THEN…END/IF…THEN…ELSE…END

功能：使用 IF…THEN…ELSE 函数执行逻辑测试并返回指定的值。

语法："IF test THEN value END/IF…THEN…ELSE…END"。

示例："IF[利润额]>[成本]THEN" 有利润 "ELSE" 亏损 "END"。

4. IF…THEN…ELSEIF…THEN…ELSE…END

功能：使用 IF…THEN…ELSEIF 函数递归执行逻辑测试并返回合适的值。

语法："IF test1 THEN value1 ELSEIF test2 THEN value2 ELSE else END"。

参数：test1 为判断条件 1，当结果为真时取 value1 部分，否则 test2 为真取 value2 部分，否则取 else 部分。

示例："IF[地区]=" 华东 "THEN 1 ELSEIF[地区]=" 华北 "THEN 2 ELSE 3 END"。

六、IF 函数

最基本的 IF 函数只有判断一次条件的功能，可表示为

IF< 判断 >THEN< 判断正确的返回值 >ELSE< 判断错误的返回值 >END

如果需要多次逻辑判断，则可以嵌套 ELSEIF 函数，可表示为

IF< 判断 1>THEN< 判断 1 正确的返回值 >

ELSEIF< 判断 2>THEN< 判断 2 正确的返回值 >

……

ELSE< 所有判断都不满足时的返回值 >

END

用于行级别的明细判断或用于视图的聚合数据判断两者的逻辑函数使用语法完全一致，而具体选择哪种函数则取决于问题和分析目的。在具体业务中，大多数的逻辑判断是通过视图聚合数据执行的。

在 Tableau 可视化效果中，颜色是一种关键的视觉元素，Tablean 支持将已有字段作为颜色图例的首选项，除非默认色系不能满足业务需求。

例如，需查看某咖啡销售公司各产品的销售额（获取资源，请扫描右侧二维码），仅仅用利润总额来自动区分颜色往往难以建立视觉重点，如图 8–22（a）所示。为增强视图效果，可以采取逻辑函数对代表颜色的“总和（利润）”做进一步分层，把利润总额大于 15 000 美元的数据标记为“高利润”，把大于 10 000 美元的数据标记为“中高利润”，把其他数据标记为“偏低利润”。将逻辑判断结果拖曳至“标记”的“颜色”中，即可用颜色进一步将咖啡产品分为三类，如图 8–22（b）所示。

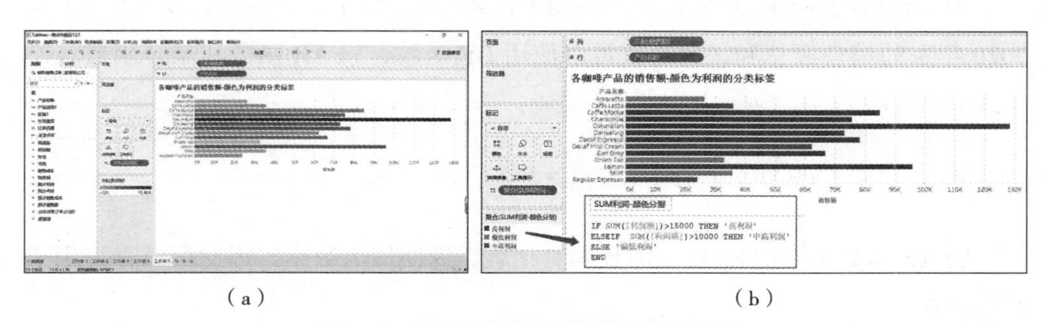

（a）　　　　　　　　　　（b）

图 8–22　使用 IF 函数为视图聚合值分类图

由此可以发现，若在视图层次上对聚合的度量分层，那么逻辑判断中就应该包含聚合表达式（如图 8–22 中的 SUM 函数），此时的逻辑函数就是视图级别的函数。

从本质上看，逻辑函数相当于给不同阶段的数据加上一个描述字段，其结果是离散字段，而离散字段默认使用对比色而非连续颜色表示。在实操中，建议单击“颜色”选项为之选择一个连续的色系，以增加视觉和谐度、减少视觉压力。

行级别的逻辑判断就是没有聚合字段的逻辑判断，如下所示。

```
IF[利润额]>5000  THEN '高利润产品'ELSE'低收益产品' END
```

IF 函数是基本的逻辑函数，在使用该函数时应注意：在嵌套逻辑中，每个数值都是从前往后依次判断，只有不满足第一次条件“SUM（[利润额]）<10000”

时才会再去判断第二个条件，所以第二个条件“SUM（[利润额]）>0”无须考虑第一个条件，等价于“SUM（[利润额]）>0 AND SUM（[利润额]）<=10000”。因此，写逻辑判断时可以采取从高到低或从低到高的书写顺序，使语法更加简洁。

由于每次逻辑判断都是一次计算，因此过多地嵌套逻辑判断会降低计算性能，实操中应谨慎使用复杂的嵌套函数。

七、IIF 函数

IIF 函数是“IF THEN ELSE END”单一判断逻辑的简化版，所以下面的两种表达式在结果上是完全一致的。

IF< 判断 >THEN< 判断正确的返回值 >ELSE< 判断错误的返回值 >END

IIF（< 判断 >，< 判断正确的返回值 >，< 判断错误的返回值 >）

IIF 函数较为简单，且适合与其他函数嵌套使用，如业务中经常会提取某年（如 2020 年）的销售额总和，此时就可以使用 IIF 函数、YEAR 函数和聚合函数轻松实现。

SUM（IIF（YEAR（[订单日期]）=2020，[销售额]，Null））

YEAR 函数是 DATEPART 函数的简化版，返回值为数字，因此可以直接用于数值计算。

八、CASE WHEN 函数

CASE WHEN 函数适用于同一个字段的多次比较判断，常见于离散的维度枚举判断，而不能用于连续字段的范围判断。

在业务中，会需要分别查看销售额、利润、销售成本等多个指标，若因此制作多个工作表，则会徒增工作量且操作烦琐，最简单的方法是制作可以选择度量名称的工作表和仪表板，其中选择度量名称可通过设置参数实现，再从度量名称转化为视图中需要的度量值，因此需要计算参数，逻辑关系如图 8-23 所示。

创建一个可供选择的参数列表，本例中采用销售、利润、存货等数据。这里传递的是字符串，是明确的内容，因此可通过列表指定，后续也可以手动添加，如图 8-24 所示。

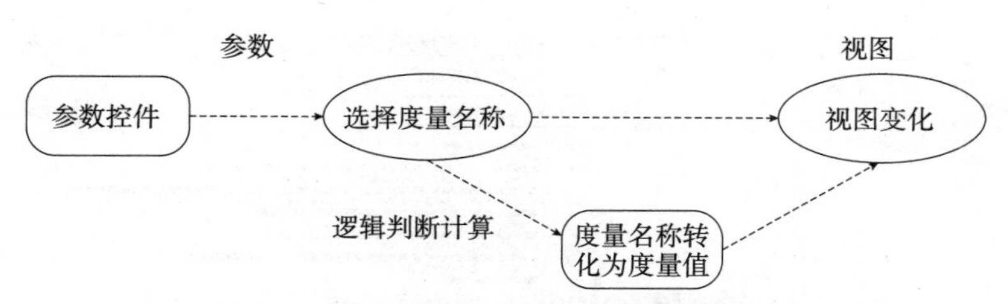

图 8–23　使用参数控制度量显示的逻辑示意图

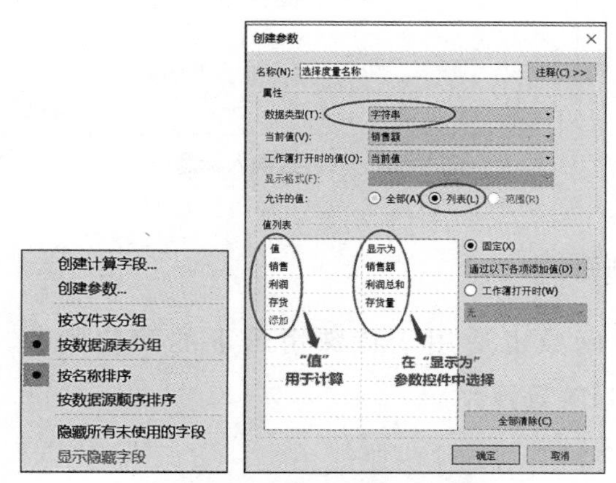

图 8–24　创建字符串列表参数

使用逻辑判断将度量名称转化为视图中需要的度量聚合。“在选择某个度量名称时，视图显示对应的度量值”是典型的逻辑判断，可以使用 IF 函数完成；由于是比较判断，所以其更适用 CASE WHEN 函数，两种函数表达式如图 8–25 所示。

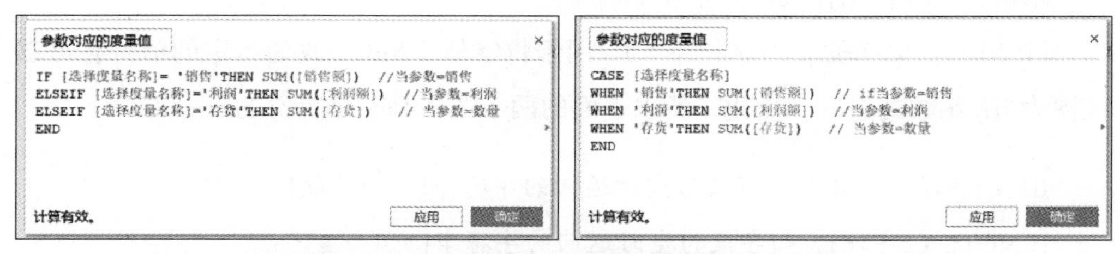

图 8–25　基于参数字符串而对应度量聚合的计算

在工作表中，右击“选择度量名称”，在弹出的下拉菜单中选择“显示参数”选项即可在视图右侧显示参数列表。将第二步中的 CASE WHEN 函数计算得出的字段和日期维度加入视图，即可生成如图 8–26 所示的视图，并支持通过右侧参数控件手动更新视图中显示的度量值。

注：为帮助使用者更直观地了解所选择的度量名称，可双击工作表标题，将参数插入标题，实现标题与参数的联动。

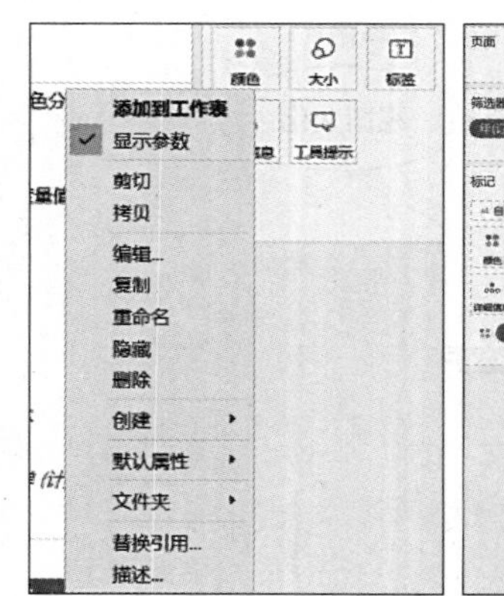

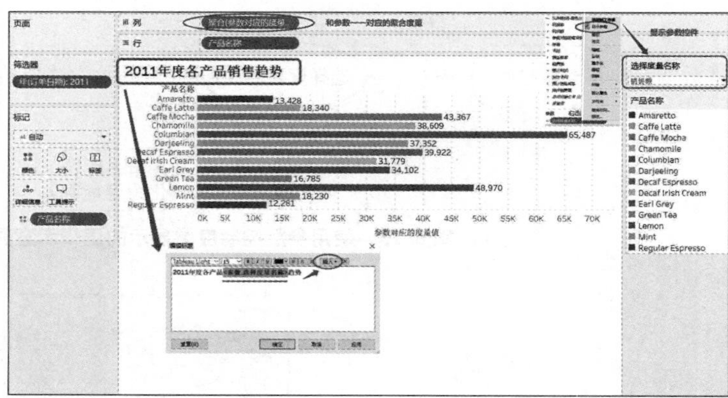

图 8–26　将参数插入标题

九、其他简化逻辑判断

还有几个逻辑函数也适用于特殊情形下的简化判断，主要是 ISDATE、ISNULL、IFNULL 和 ZN 等函数。

1. IFNULL

功能：如果表达式的值不为 Null，IFNULL 函数就返回第一个表达式，否则返回第二个表达式。

语法：“IFNULL(expression1，expression2)”。

参数：expression1 和 expression2 为数据表达式。

示例：“IFNULL([Profit]，0)=[Profit]”。

“IFNULL（[字段]，" 字符串 "）” 用于将空值（Null）改为特定的值，它可以被视为 IIF 函数的进一步简化，所以下面的两个逻辑判断是等价的。

IIF（[字段]=Null，<[字段为空时返回的字符串]>，[字段]）

IFNULL（[字段]，<[字段为空时返回的字符串]>）

如果一条数据的格式是数字，那么最常见的更改需求是把 Null 改成 0，Tableau 提供了一个把 Null 改为 0 的、更为简化的函数：“ZN（[]）”，其中，Z 代表 0（zero），N 代表 Null，ZN 就是把 Null 改为 0，因此，下面的表达式是等价的。

IFNULL（[字段]，0）

ZN（[字段]）

Tableau 的很多内置函数都嵌套了 ZN 函数，用于避免因 Null 引起的错误，使用快速表计算创建的很多表计算函数都默认嵌套了 ZN 函数。

和 IFNULL 函数的逻辑判断不同，“ISNULL（[字段]）”本身就是判断，相当于上面的“[字段]=Null”，因此下面的 3 个表达式是等价的。

IIF（[字段]=Null，< 字段为空返回时的字串符 >，[字段]）

IIF（ISNULL[字段]，< 字段为空返回时的字串符 >，[字段]）

IFNULL（[字段]，< 字段为空返回时的字串符 >）

2. ISDATE

ISDATE 函数与 ISNULL 函数类似，用于判断一个字段是否是日期格式，其可以和此前的日期函数结合使用。

十、两类逻辑表达式的差异

从前几节内容可以发现：行级别表达式字段往往出现在维度上，聚合表达式字段却只能出现在度量上且无法被移动到维度上。这是由于行级别计算和聚合计算的功能限制所致。

1. 行级别计算和聚合计算的区别

若希望以利润总额为标准将产品分为不盈利、微利和高盈利 3 个部分，如按照“SUM（[利润]）”把 13 种咖啡产品的利润分为 3 组，如图 8-27 所示。

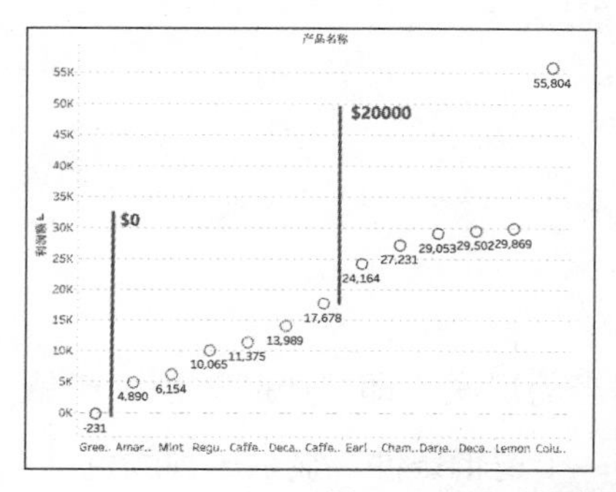

图 8-27　通过聚合判断根据产品名称的聚合值划分颜色分类

对于可视化效果而言，增强数据视觉效果是实务分析的重点，因此可以采取对利润额增加颜色标识的方法，分别用红、黄、绿三种颜色表示“不盈利”“微利”“高盈利”的产品。

2. 基于产品的利润聚合做逻辑判断并增加颜色分类

要对产品的利润进行分类,首先应创建产品的利润聚合。依次双击“利润额”“产品类别”“产品名称”字段，快速创建如图 8–28 所示的主视图框架。使用条形图和排序虽然可以清晰地分辨每个产品的利润大小，但是却很难将之快速分组，因此采用颜色进一步增强视觉层次是最佳的可视化方法。

使用 IF 函数创建逻辑判断字句，然后将之拖曳到“标记”的“颜色”中，如图 8–28 所示。

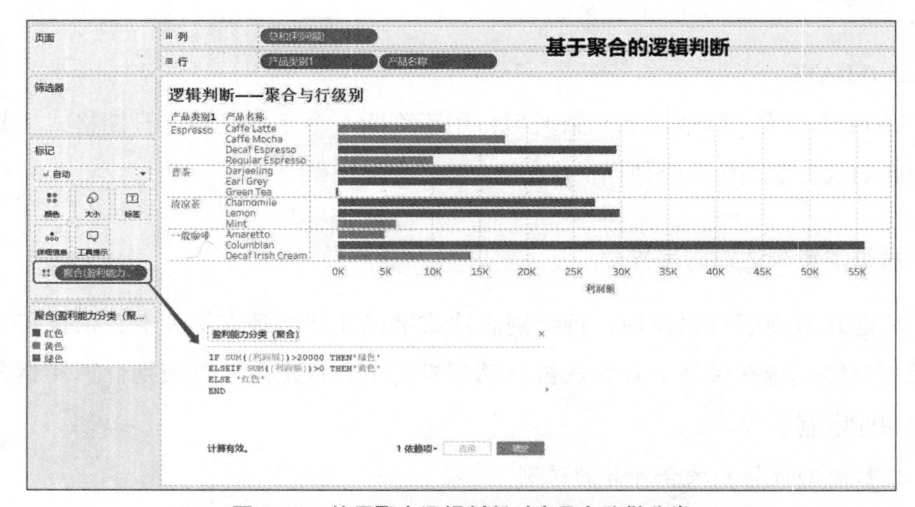

图 8–28　使用聚合逻辑判断对产品名称做分类

IF SUM（[利润额]）>20000 THEN '绿色' // 大于 20000 美元,标注为绿色（引号为英文引号）

ELSEIF SUM（[利润额]）>0 THEN '黄色'

ELSE '红色'

END

包含了聚合的逻辑判断是聚合表达式，是对当前层次（即“产品类别 * 产品名称”）的利润总额的判断，每个产品名称只对应一个逻辑条件，显示一种颜色。

如果把上面表达式中的 SUM 删除,去除聚合表达式,那么逻辑表达式将从“视图级别聚合表达式”变成“行级别表达式”（非聚合）。咖啡公司数据的最低聚合是“每个产品的商品交易”，因此修改后的行级别逻辑判断相当于为每一笔产品交易做判断。如果产品交易利润超过 20 000 美元则标签为绿色，超过 0 美元则标签为黄色，低于 0 美元的则是红色。将这个行级别逻辑表达式拖曳到“产品类别 * 产品名称的利润总额”的可视化视图中，如图 8–29 所示。

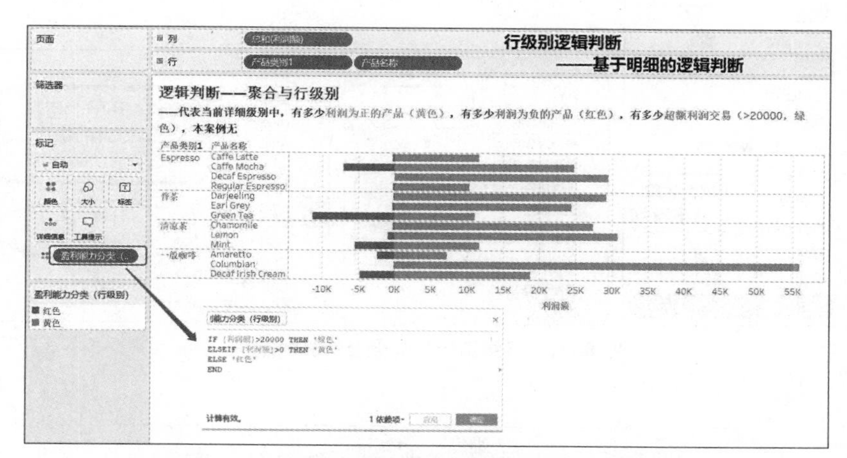

图 8–29　基于行级别逻辑判断的表达式作为颜色

之前的视图级别逻辑判断是对视图的每一个聚合数值做判断，因此每一行的标签是唯一的，如 Green Tea 的利润总和是负数，因此被标记为红色（非盈利部分）。而图 8–29 中的行级别逻辑判断是对数据库中所有产品交易的分类，每一种子类别都可能同时包含 3 类产品交易，因此在理论上每一行都可以有 3 种颜色，只是没有任何一笔交易利润超过 2 万美元，所以普遍只有两种颜色。如 Café Mocha 虽然整体上利润为正，但从行级别看依然有很多交易是亏损的，只是盈利的产品更多。

在这个例子中，创建组相当于合并多个离散数值，创建数据桶则相当于对连续数值在坐标轴上分组，如图 8–30 所示。二者的对象都必须是数据源中的最高颗粒度的数据明细，相当于行级别表达式，如图 8–31 所示。行级别表达式是在数据库层面计算的，其结果既可以作为维度使用，也可以作为度量使用。

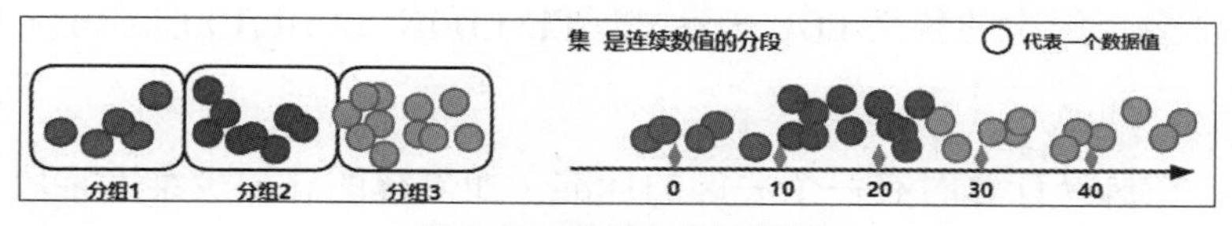

图 8–30　分组与集示意图

因此，度量表达式之所以无法被用于维度，是因为聚合表达式虽然是由行聚合而成，但其必须依赖特定的视图才有效。视图的详细级别（层次）是由视图中的维度决定的。如果聚合字段能变成维度，则意味着其可以决定视图的详细级别，从而破坏了当前视图的层次性，进而陷入逻辑死循环，如图 8–32 所示。

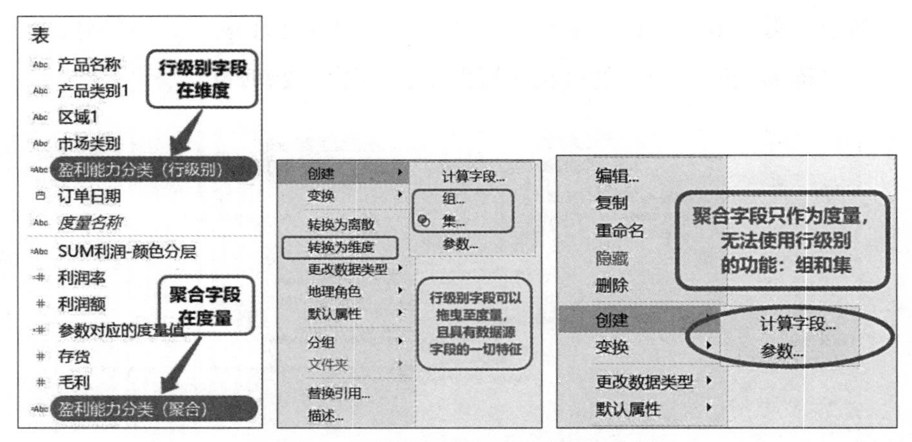

图 8–31　行级别计算与聚合计算的差异

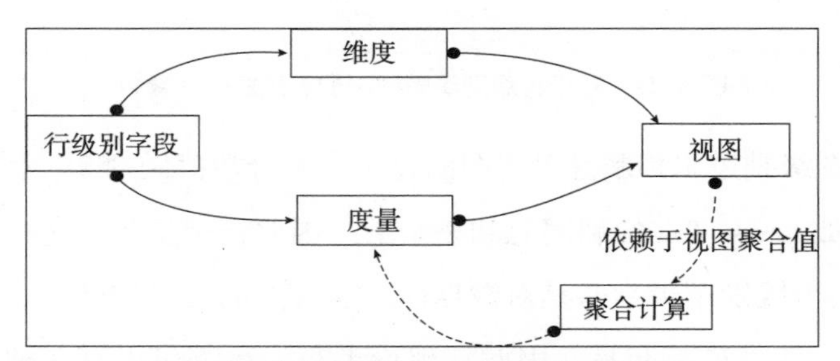

图 8–32　聚合计算无法作为维度使用的原理

视图中的聚合结果不能破坏视图本身，因此行级别字段通常被理解为数据准备过程——为了构建视图提前创建所需的字段，而聚合计算通常被理解为大数据分析的层次分析，是基于视图的二次加工。

在实践中，很多业务分析必须使用聚合作为维度，如分析“客户的购买频率分布”“客户回购分析”，但这种分析不能违背表达式的逻辑，Tableau 推出在一个视图中实现多个层次的狭义 LOD 表达式（FIXED/INCLUDE/EXCLUDE）以解决上述问题。

因此，在选择计算时有一个关键的标准：如果视图总缺少维度字段，则要么寻求创建行级别的表达式，要么寻求狭义的 LOD 表达式——前者满足一个视图一个层次的简单场景，后者则满足一个视图多个层次的复杂场景。

行级别计算和聚合计算的结果还有一个关键差异，即行级别的结果是多个值（对应数据库的多行数据明细，故将有多个值），而聚合计算的结果只对应一个值（其将数据库多行明细聚合到视图中的一个结果），如图 8–33 所示。

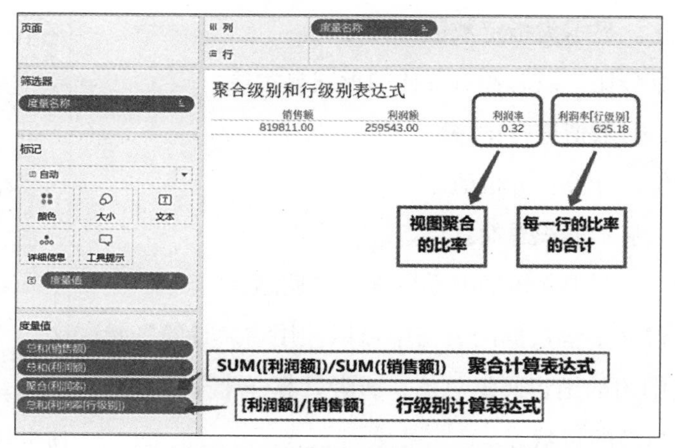

图 8-33　行级别和聚合计算添加到视图的结果

行级别表达式“[利润额]/[销售额]”前面的“总和”是对多个数值的聚合计算；而聚合表达式“SUM（[利润额]）/SUM（[销售额]）”前面的“聚合”则代表这个数值是被聚合的一个值。前面的聚合计算是可以更改的，如改为“平均值”或者“最大值”，而后者的标签则是唯一的。（注：不能在一个表达式中同时使用聚合函数和非聚合函数，否则会遇到最普遍的报错提醒——“不能混合聚合和非聚合”。）

总而言之，一份数据只能有一个行级别，但是却可以有无数个视图级别，因此行级别表达式是单行操作（单行计算），而聚合表达式则是多列操作（多行聚合）。行级别计算可以作为维度、度量被使用，而聚合计算只能作为度量被使用。

第四节　表　计　算

一、表计算概述

表计算是指应用于整个数据表中的计算，这种计算通常依赖表结构本身，其独特之处在于使用数据中的多行数据计算一个值。要创建“表计算”，需要定义计算目标值和计算对象值，故用户可在“表计算”窗格中通过“计算类型”和“计算对象”下拉列表定义这些值。

在 Tableau 中，表计算的类型主要有以下 8 种，如图 8-34 所示。

（1）差异。显示绝对变化。

（2）百分比差异。显示变化率。

（3）百分比。显示为指定数值的百分比。

（4）合计百分比。以总额百分比的形式显示值。

（5）排序。对数值进行排序。

（6）百分位。计算百分位值。

（7）汇总。显示累积总额。

（8）移动计算。消除短期波动以确定长期趋势。

例如，在包含销售数据的表格中可以使用“表计算”计算指定日期范围内的销售额汇总值，或者计算一个季度中每种产品对销售总额的贡献等。

图 8-34　表计算的类型

1. 打开“表计算”窗格

单击“列”功能区上“总和（销售额）”字段右侧的下拉按钮，在下拉列表中选择“添加表计算”选项，如图 8-35 所示。

2. 定义计算

在“表计算”窗格中选择要应用的计算类型，这里选择“合计百分比”，如图 8-36 所示。在“表计算”窗格的下半部分定义计算依据，这里选择“表”，如图 8-37 所示。

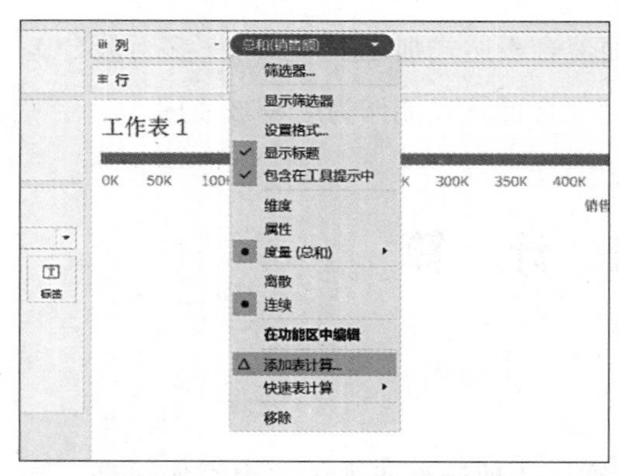

图 8-35　选择“增加表计算”选项

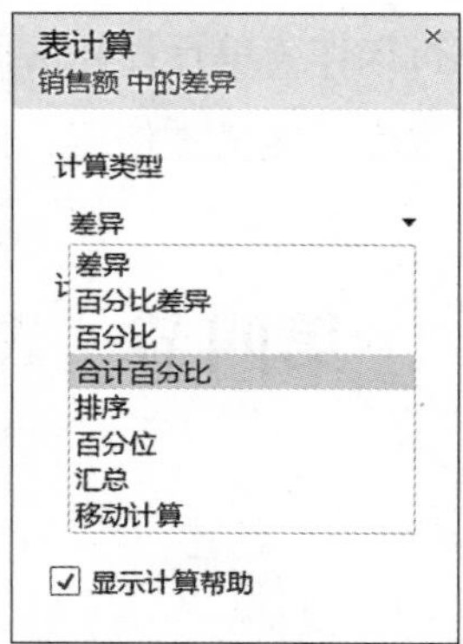

图 8-36　选择计算类型

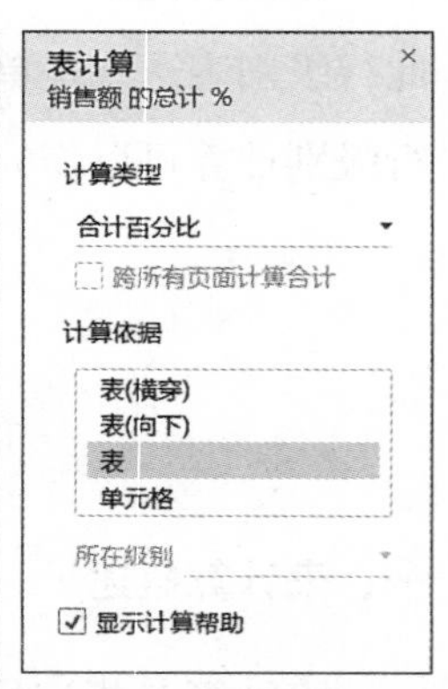

图 8-37　定义计算依据

3. 查看表计算结果

将“产品名称”拖曳到“行”功能区中，原始度量字段将被标记为表计算。还可对视图进行适当调整，如图 8-38 所示。

仔细观察，“列”功能区上的“总和（销售额）”右侧会有一个“△”符号，这表示原有计算方式被改变了。

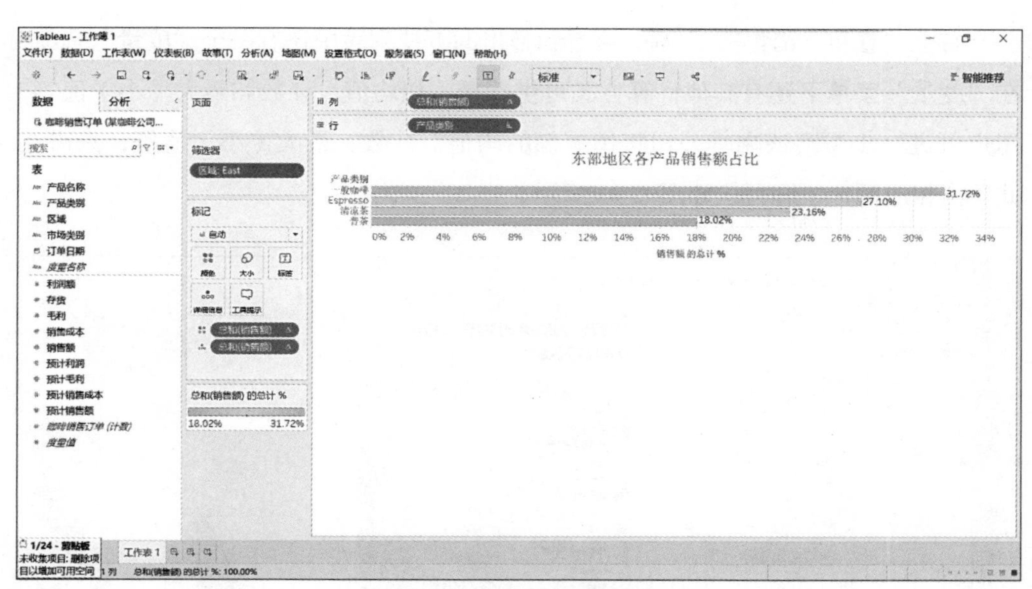

图 8–38 查看表计算结果

如果想清除之前选择的计算方式,那么只需要右击“列”上的“总和(销售额)”,在弹出的下拉列表中选择“清除表计算”选项,将恢复到最初的标准计算公式即可。

除选择“添加表计算”选项外,还可选择“快速表计算”选项,在弹出的下拉列表中有很多快速计算方式可供选择。

如果想看每年相对于某一年(案例为 2019 年)的增长情况,那么只需右击“列”功能区的“总和(销售额)”,在弹出的下拉列表中选择“编辑表计算”选项,打开如图 8–39 所示对话框,将对比值设为“第一个”即可,如图 8–40 所示。

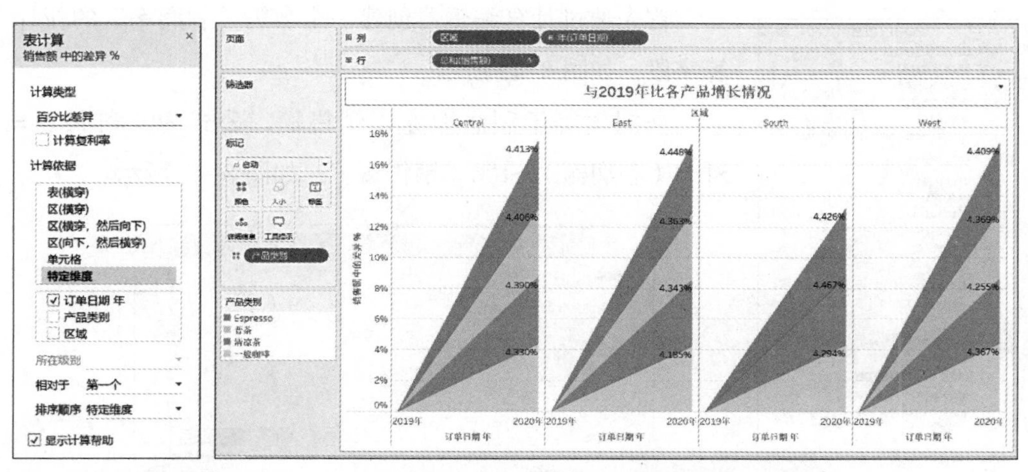

图 8–39 编辑表计算　　图 8–40 销售额与 2019 年同比增加差异视图

右击“总和（销售额）”后，可看到弹出的下拉列表中还有一个“度量”选项，在“度量”菜单下还有其他计算方式可供选择，如均值、计数和最大（小）值等，用户可进一步观察该咖啡公司年销售额的均值、计数、最大（小）值等，只需在此单击相应的选项即可，如图 8–41 所示。

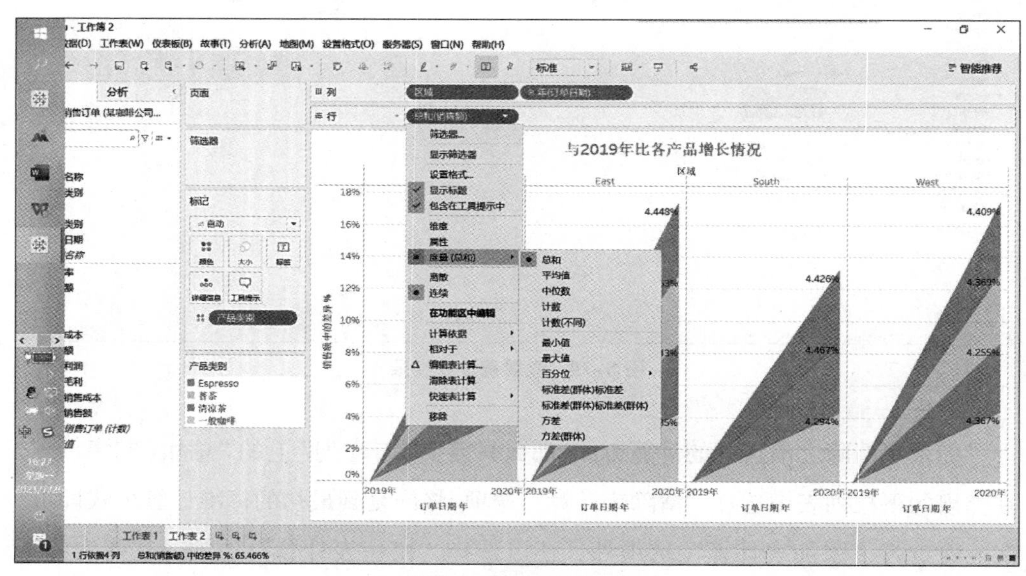

图 8–41　其他计算方式

二、表计算案例

如需要对该咖啡公司 2019 年 10 月不同咖啡产品的地区利润率进行分析，那么操作如下。

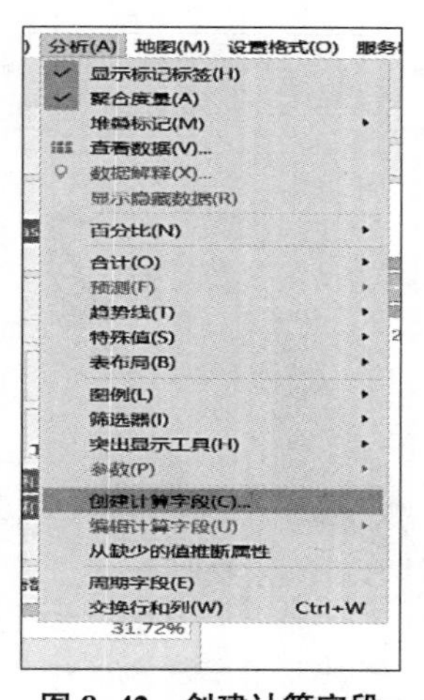

图 8–42　创建计算字段

首先通过计算编辑器创建一个名为“利润率”的新计算字段，如图 8–42 所示。

利润率等于利润额除以销售额，公式为“利润率 = SUM（利润额）/SUM（销售额）”，如图 8–43 所示。

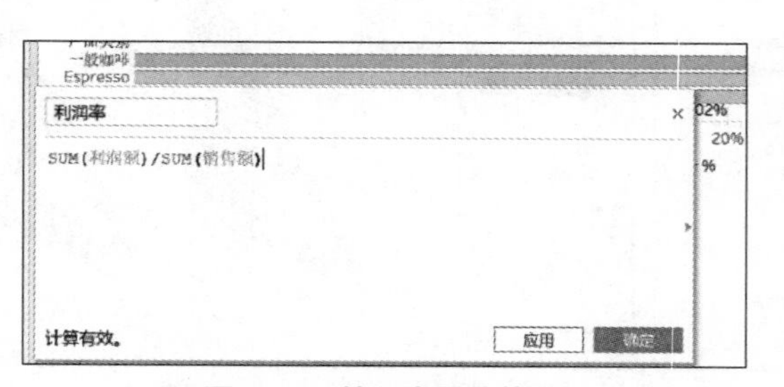

图 8–43　输入变量计算公式

将“订单日期”拖曳到“筛选器”功能区中，筛选办法主要有“相对日期”“日期范围”“计数”等类型，这里选择“日期范围”下的“年 / 月”选项，如图 8–44 所示。

单击“下一步”按钮，打开“筛选器”的具体选项，其将包括“常规”“条件”“顶部”等选项卡。其中，“常规”选项卡包括“从列表中选择”“自定义值列表”“使用全部”等选项，这里选择列表中的“2019 年 10 月”，如图 8–45 所示。

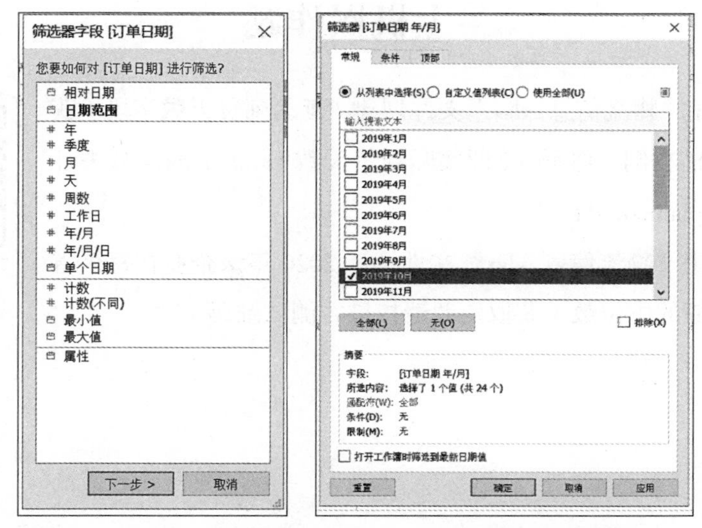

图 8–44　选择“年 / 月”选项　　　图 8–45　“筛选器”的具体选项

依次将“区域”和“利润率”拖曳到“列”功能区中，其中，“利润率”的名称将自动被更改为“聚合（利润率）”。“聚合”表示其使用了预定义求和聚合，属于聚合计算。

将“产品类别”拖曳到“行”功能区中，同时还可以添加“颜色”标记对视图进行美化，如图 8–46 所示。

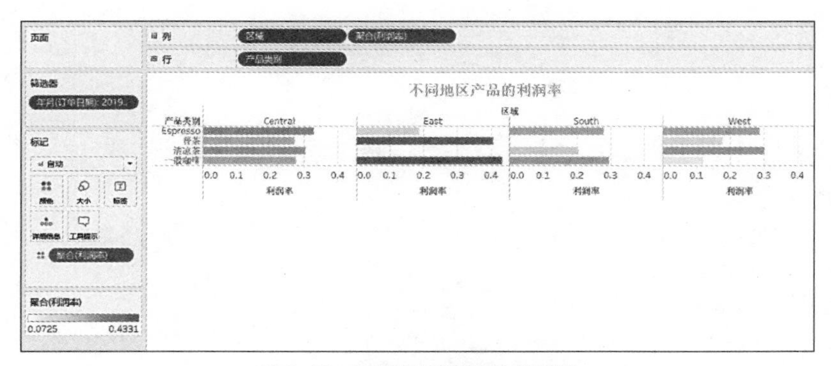

图 8–46　不同地区商品的利润率

Tableau 中的表计算是非常实用的。如果想进一步观察某个字段的某种值的差异变化，可以右击寻找相应的计算方式。掌握表计算函数可以大大提高工作效率，在做一般描述性统计分析时，多尝试集中表计算，多数情况下可以更快地获得想要的数据视图。

上机操作题

（1）使用“物流信息 .xlsx”文件创建“延迟到货天数字段（获取资源请扫描右侧二维码）（即实际到货天数 Landed_days 减去计划到货天数 planned_days）。

（2）使用“物流信息 .xlsx”文件统计 2020 年该企业在每个省份商品销售额的中位数（获取资源请扫描右侧二维码）。

第九章 数据处理

【学习目标】

1. 了解数据分析的数据处理流程与内容。

2. 熟悉数据收集方式、数据导入、数据清洗、数据加工和数据抽样等具体内容。

3. 掌握运用 Tableau 进行数据导入、数据清洗、数据加工以及数据抽样等数据处理的操作。

【能力目标】

1. 了解数据处理的流程，培养系统思维能力。

2. 熟悉数据处理各个环节的不同处理方法，培养辩证思维能力。

3. 掌握运用 Tableau 进行数据处理的方法，培养解决问题的能力。

【思政目标】

1. 熟悉数据处理各个环节的不同处理方法，培养辩证思维能力。

2. 掌握运用 Tableau 进行数据处理的方法，培养科学的数据思维方式。

【思维导图】

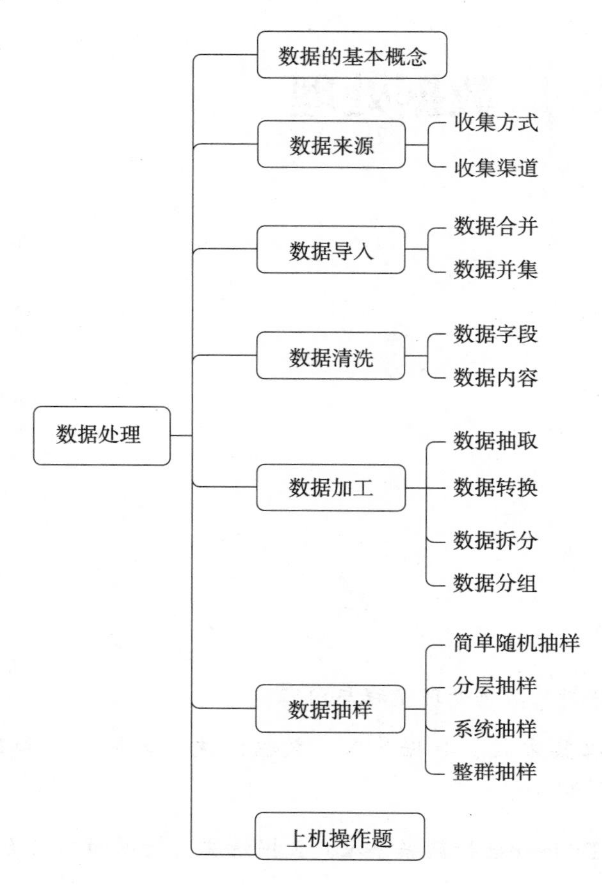

第一节　数据的基本概念

数据是指对客观事件进行记录并可以鉴别的符号，是记录客观事物的性质、状态以及相互关系等内容的物理符号或这些物理符号的组合，是可识别的、抽象的符号。

数据不仅指狭义上的数字，还可以是具有一定意义的文字、字母、数字符号的组合、图形、图像、视频、音频等，也可以是客观事物的属性、数量、位置及其相互关系的抽象表示。例如，“0、1、2”“阴、雨、下降、气温”“学生的档案记录、货物的运输情况”等都是数据。数据经过加工后就成为信息。

在计算机科学中，数据是所有能输入计算机并被计算机程序处理的符号的介质的总称，是用于输入计算机进行处理，具有一定意义的数字、字母、符号和模拟量等的通称。计算机存储和处理的对象十分广泛，所以这些对象的数据也随之变得越来越复杂。

第二节　数据来源

数据是数据分析的前提，“将军难打无兵之仗”说的就是这个道理。因此，数据的收集显得尤为重要。按收集方式的不同可以将数据收集分为线上收集和线下收集；按收集渠道的不同又可以将数据收集分为内部收集和外部收集。数据收集的分类如图 9–1 所示。

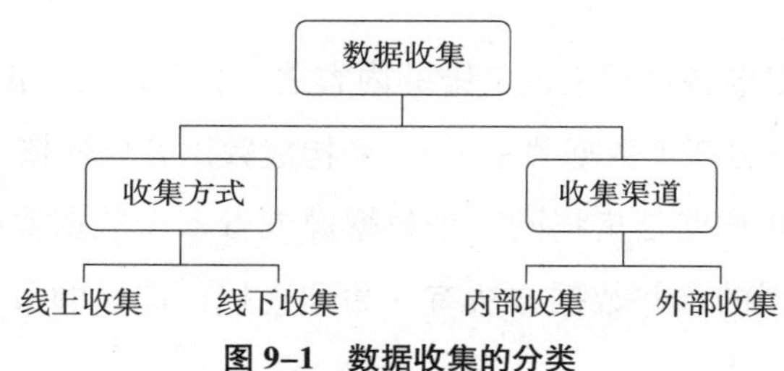

图 9–1　数据收集的分类

线上收集是指利用互联网技术自动采集数据。例如，企业内部通过埋点的方式收集数据，然后将收集来的数据存储在数据库中。此外，利用爬虫技术获取网页数据或借助第三方工具获取网上数据等都属于线上收集。因为该收集办法效率高且错误率较低，很多互联网科技企业、互联网电商企业、互联网游戏企业等都采用此种方式收集用户行为数据。

线下收集数据相对比较传统，对技术的要求不高。例如，通过传统的市场调查问卷获取数据即为线下收集。此外，通过手工录入获取数据、电子化出版物收集的权威数据以及通过其他人提供的电子表格获取数据等都属于线下收集。虽然这种收集方式效率低且容易出现偏差，但传统制造企业、线下零售企业、市场调研咨询类企业等都采用此种方式收集数据。

内部收集数据是指获取的数据来源于企业内部数据库、日常财务数据、销售业务数据、客户投诉数据、运营活动数据等。此类数据的获取方式较为方便，数据分析人员可以根据实际业务需求对内部收集的数据进行处理分析。

外部收集数据是指数据不是企业内部产生的，而是通过其他手段从外部获取的。例如，利用爬虫技术获取网页数据，从公开出版物收集权威数据，市场调研获取数据以及请第三方平台提供数据等。外部数据的收集不像内部收集那么容易，且大部分数据都是碎片化、零散的。因此，数据分析人员需要对这些数据进行清洗和整合，然后再去分析。

总之，不管以何种方式收集，所获的数据都是企业的宝贵财富。数据分析人员需要多熟悉数据，多研究数据背后隐藏的规律，为业务决策提供支持。

第三节 数据导入

一、数据合并

数据合并是数据准备过程中最关键的内容之一，其配合 Tableau 在数据融合方面最关键的功能——更新（数据关系），二者构成数据处理的核心操作。

本书所指的合并数据是指将同一个数据源或者多个数据源的不同数据表整合在一起的过程。典型的合并数据方法有并集和连接，广义的合并数据还包含数据混合。

数据并集用于相同数据结构的上下相续；数据连接是基于关联字段把数据左右相连；数据混合是在视图层面匹配聚合数据。

不过，从根本上说 Tableau 只有两种数据合并方法：相同数据上下合并的并集和不同数据前后相连的连接（join）。数据混合（blend）其实是在视图创建之后附加另一个数据源的聚合查询，应该被视为可视化分析后的增强分析。

Tableau 提供的数据模型（数据关系）功能具备数据建模的能力，该功能既有数据连接的通用性，又具有数据混合的灵活性。

计算机世界的数据多半是以数据表为存储单位保存的，常见的有 Excel 工作簿、数据库的视图等，做数据分析时经常要同时使用多个数据源，此时就需要数据合并。Tableau 独创的 VizOLTM 技术可以把用户的拖曳操作转化为专业的 SQL 查询语言，其不仅适用于可视化分析，也适用于数据整理过程。

二、数据并集

在所有的数据合并方法中，“数据并集”最容易理解，它用于合并数据结构完全一致的多组数据。结构完全相同指数据的字段、标题、名称及数据类型一致，这当中任意一种不匹配都会导致并集错误。并集多用于处理本地文件，如同一个 Excel 文件下的多个工作表、多个 Excel 文件下的多个工作表等。并集是建立在单表连接基础上的。基于数据库的数据准备极少用到并集，基本上都使用连接（join）。下面将介绍在 Tableau 中创建并集的详细方法。

1. 连接本地的数据文件

打开 Tableau，从左侧的数据连接面板连接本地的数据文件，选择“某公司销售数据 .xlsx”文件，如图 9–2 所示。此时，“某公司销售数据 .xlsx”会被加入左侧的连接主面板，文件夹中的所有文件将被同步显示在连接面板左侧。

2. 三种方法任选——特定（手动）创建并集

图 9–2 中标记了快速创建并集的 3 种方法：①双击左侧数据连接面板底部的“新建并集”。②在已有单表连接处单击右侧小三角图标，在弹出的菜单中选择“转化为并集”。③最快捷的方法是直接把另一个需要并集的文件拖曳到图例下方，在“将表拖至并集”对话框的提醒下确认操作。手动创建并集适用于处理少量的并集文件。

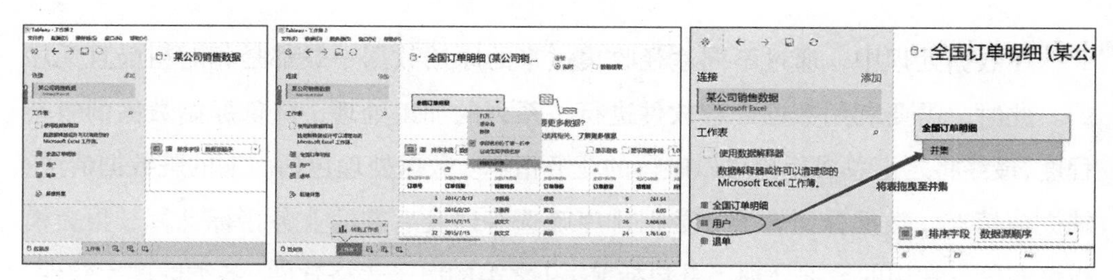

图 9–2　Tableau 中用 3 种方法创建并集

3. 使用“通配符（自动）”合并多个文件（可选）

除了采用上面手动建立并集的方法外，Tableau 还支持以“通配符”的方式合并符合特定条件的工作表（文件）中的特定工作簿。通配符（“*”号）代表任意一个或者多个字符。

在并集窗口中单击“通配符（自动）”切换到通配符模式，设置“文件”对应的“通配符模式”为“订单 *”，Tableau 会自动查找当前文件夹中所有以“订单”开头的数据表文件，并建立并集。如果存在嵌套文件夹，则可以选择“将搜索扩展到子文件夹”选项扩大并集的搜索范围。此用法适用于不同年度的数据表分文件夹存放的情形。

建立并集后，系统将自动生成两个辅助字段，即“File Paths”（文件路径）和“Path”

（数据表路径），用来记录合并的文件来源及名称。右击“Path”字段，在弹出的下拉菜单中选择“描述”命令后，即可以查看并集包含的数据表，从而确认并集的准确性。

4. 异常处理（可选）

并集用于合并数据结构（字段名称和字段类型）完全相同的数据。有时候多个数据表中的并集字段可能并不一致，需另行处理。选择通配符并集无法识别为相同字段，按下 Ctrl 键的同时选择相同的字段，右击鼠标，在弹出的下拉菜单中选择“合并不匹配的字段”选项即可将两者合并。

综上所述，并集的前提是字段完全相同，因此数据并集不会增加新的字段。系统会自动生成几个辅助字段帮助用户验证并集的准确性，而手动匹配则适用于处理简单的字段不一致问题。

第四节　数 据 清 洗

在数据处理中，通过不同途径收集过来的原始数据一般都是相对粗糙且无序的。此时，需要利用数据处理软件进行一系列的加工处理，降低原始数据的复杂程度,最终将之汇总成用户可以解读的业务指标。数据处理包括前期的脏数据清洗、缺失值填充、数据分组转换、数据排序筛选等以及后期的业务指标计算、报表模板填充等。常用的数据处理工具包括 Excel 之类的电子表格软件、各类数据库软件、Python、R、SAS、SPSS 等，这些工具都支持数据处理模板，方便用户对数据进行快速清洗。

数据清洗是数据准备过程中最烦琐的过程，用户必须精确地定位问题，然后将之改正。

数据清洗目标为以下几点。

（1）改正或排除错误数据。

（2）根据分析需求调整数据。

从数据清洗的实操中看，数据清洗可分为以下几类。

（1）针对数据字段的清理。

（2）针对数据内容的整理。

常见的数据清洗类型如图 9-3 所示。

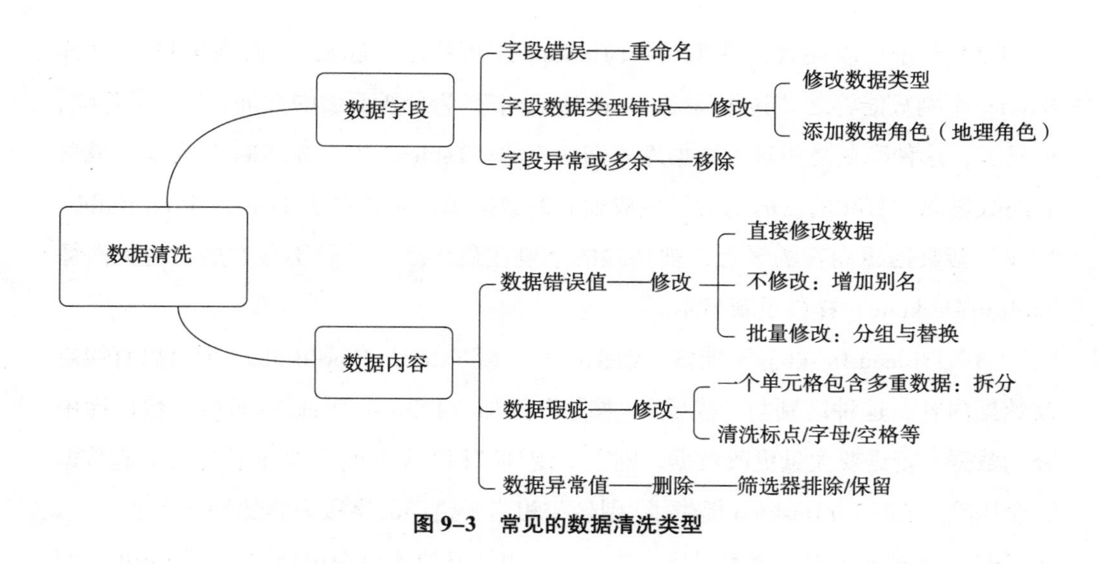

图 9-3　常见的数据清洗类型

Tableau 可以独立完成几乎所有的数据清洗工作，具体的操作取决于清洗的复杂性和分析背景，其实现的方式有所差异，但基本逻辑完全一致。

例如，最常见的“更改字段名称”（重命名）、“复制字段”等功能，在 Tableau 多个位置都可以通过右击鼠标快速处理，如图 9-4 所示。

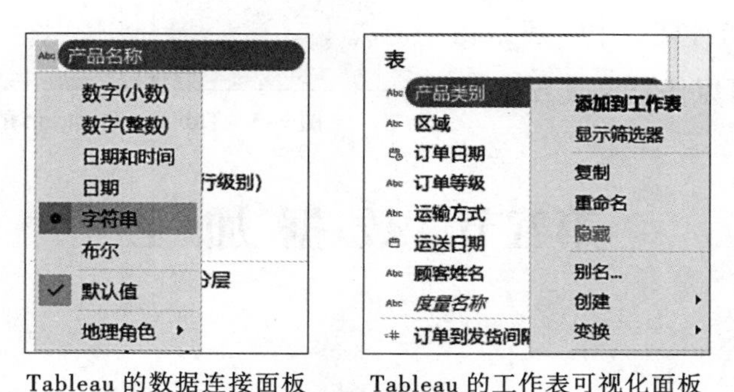

图 9-4　修改字段类型和重命名

单击字段前面的类型标识符（常见的 Abc 字符串），手动操作则可以快速“更改数据类型”。Tableau 的数据清洗是直接面对可视化分析的，其有助于保持思维的连贯性。

Tableau Desktop 与 Tableau Prep Builder 之间的区别有以下几点。

（1）Tableau Desktop 的数据清洗直接面向可视化分析，清洗数据更有利于思维的连贯性，Tableau Prep Builder 的数据清洗则完全面向进一步的数据整理环节（如合并、转置、聚合等），更具有专业性。

（2）对于字段而言，在 Tableau Desktop 中可将之“隐藏”，而在 Tableau Prep Builder 中则只能将之“移除”。Tableau Desktop 是为分析而做的查询，字段可隐藏、可显示，这种隐藏是相对于数据库查询而言的；Tableau Prep Builder 是为了生成独立的数据源，移除的目的是为了生成独立的数据源，是相对于 Tableau Prep Builder 生成的新数据源而言的概念，被移除的字段在最终结果中是不存在的，也无法像 Tableau Desktop 一样被重新显示。

（3）Tableau Desktop 不能修改数据内容，而 Tableau Prep Builder 则可以直接修改数据内容，这种区别与“隐藏”“移除”类似。Tableau Desktop 只能从数据库中查询数据，若需要大量更改数据，则需要用到“回写数据库”功能，这将引起数据安全风险。Tableau Desktop 提供了“别名”，相当于错误的字段内容的别名不能重复。在 Tableau Desktop 中选择字段后右击，在弹出的下拉菜单中选择“别名”选项，即可在弹出的对话框中设置别名，如图 9–5 所示。同时应注意，不要在连续的日期和度量中增加别名。而在 Tableau Prep Builder 中，不管是在连续维度（如日期）中，还是在连续度量中都可以任意更改数据。

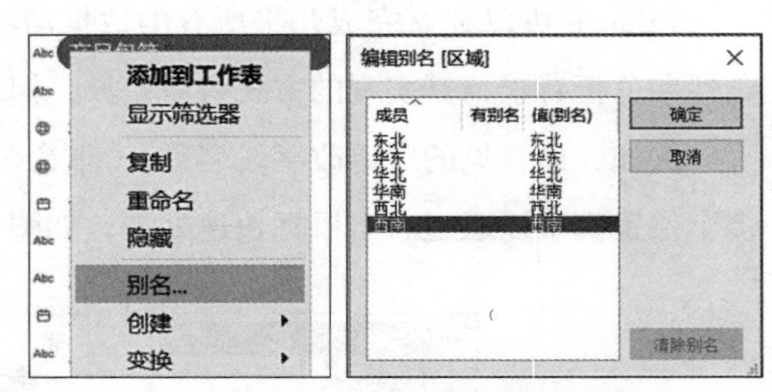

图 9–5　Tableau Desktop 的别名功能

第五节　数 据 加 工

一、数据抽取

对数据库中现有字段进行整合加工，以形成分析所需要的新的字段，即为数据抽取。它包括字段拆分、字段合并、字段匹配等。

1. 字段拆分

为了截取某一字段中的部分信息而将该字段拆分成两个或多个字段，即为字段拆分。例如，可将一个字段拆分成三个字段。

2. 字段合并

字段合并是将若干字段合并成为一个新的字段，或者将字段值与文字、数字等组合形成新的字段。例如，将 QQ 号与字符合并可形成 QQ 邮箱字段。

3. 字段匹配

从具有相同字段的关联数据库中获取所需数据，称为字段匹配。字段匹配要求原数据库与关联数据库至少存在一个关联字段，根据关联字段可以批量查询并匹配对应的数据。

例如，根据“姓名”字段把 B 表中的“实发工资”匹配到 A 表中。此时，“姓名”是两个数据库的关联字段，要在 A 表中获得“实发工资”的数据，可以通过“姓名”字段从 B 表中查询。如果公司有几千人，通过字段匹配处理的效率是显而易见的。

另外，Tableau 也支持通过条件表达式对数据进行筛选，对满足要求的数据进行筛选匹配。

二、数据转换

不同来源的数据可能存在不同的结构，数据转换主要指将数据转换成规范、清晰又易于分析的结构。

1. 结构转换

在数据分析中，可以根据不同的业务需求对所有数据（或抽样数据）进行结构转换，主要指一维数据表与二维数据表之间的转换。

2. 行列转换

在分析数据报表时，常常要从不同的维度观察数据，如从时间的维度查看汇总数据，或从地区的维度查看汇总数据，这就需要对行列数据进行转换（又称转置）。行列转换易于理解，这里不再举例。

三、数据拆分

很多情况下，人们必须把一个字段拆分成两个甚至更多的字段。广义上的拆分包括提取，如在 Excel 中常用的 LEFT、RIGHT、MID 等函数就可以从字符串中提取字段右侧、左侧、中间的某一部分。

在实务中，HR 部门可以借助拆分和逻辑判断从员工身份证号码中自动提取出生年月日、性别甚至籍贯等信息。只要员工的身份证 ID 是标准的 18 位，那么其出生年月日就可以用“MID（{ 身份证号 }，7，8）”函数拆分第 7 位之后的 8 位数字，将提取结果的数据类型改为“日期”即可（对应的类型转换函数为 DATE 函数，详见第八章）。Tableau 还可以基于身份证号码第 15 位的奇偶数推算员工性别，代码如下。

```
IIF（INT（MID（{身份证号}，17，1））%2=1，'男 Male'，'女 Female'）
```

基于计算字段的处理相当于定制化的整理，需要用到各种计算函数。这些函数多已在第八章介绍过，在此将不再赘述。

还有一种拆分是根据特定的分隔字符规律拆分。在 Tableau 中，单击选择字段，在弹出的下拉菜单中选择"变换"→"拆分 / 自定义拆分"选项可以将"订单号"自动拆分，以"–"为分隔符创建 3 个字段，如图 9–6 所示。

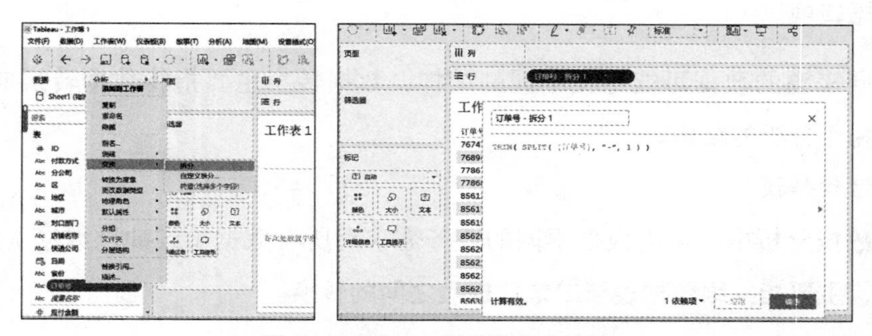

图 9–6　Tableau 的字段拆分功能

LEFT、RIGHT、MID 函数一般适用于拆分位置和长度已确定的字段；而 SPLT 函数则适用于拆分有特定分隔字符的字段。如果长度不确定又没有分隔字符，那么该怎么办？这就需要借助其他字符串函数，如 LOOKUP 函数、正则匹配函数等。

四、数据分组

"分组"是将多个字段合并为一个组的过程。Tableau 的分组功能简单明了，特别是 Tableau Desktop，其还支持边分析边创建功能。在按住 Ctrl 键的同时选择多个字段，右击鼠标，在弹出的下拉菜单中选择"组"选项，即可自动创建一个新字段替代当前的字段，如图 9–7 所示。分组字段通过"曲别针"图标标识，以此保留字段的上下层次关系。

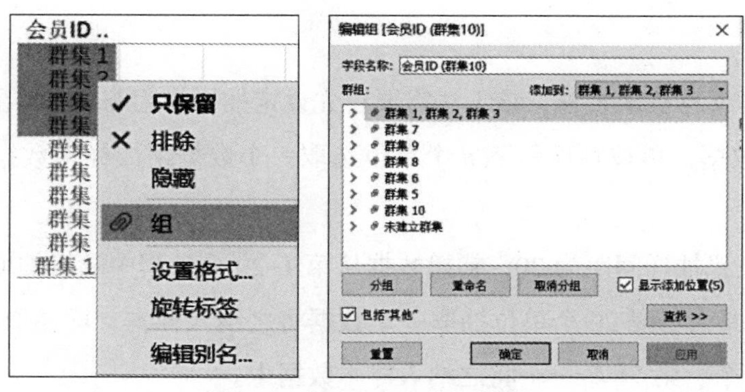

图 9–7　在 Tableau 中创建分组

第六节　数据抽样

在数据分析中，抽样调查是一种常见的数据处理方法，是指从全体数据中随机抽取一部分数据作为样本进行分析，以样本特征推断数据的总体特征。抽样调查的优点是效率高、成本低；缺点是在采集的数据存在偏差时会影响分析结果的准确性。数据抽样最典型的案例就是我国每十年进行一次的全国人口普查项目。

常用的抽样方法有以下四种。

一、简单随机抽样

对全体数据编号，然后在这些数据中随机抽取一定数量组成样本数据即为简单随机抽样。该方法适用于数据量较少的情况。例如，抽签或者抽奖活动。

二、分层抽样

如果目标数据可以被分为若干个互不重叠的部分（即分层），每层数据具有相似的属性，那么可以按比例从各层随机抽取数据组成样本数据，即为分层抽样。

例如，一所大学要对所有学生进行普通话水平的调查评估。学生总数为 25 000 人，拟抽取样本 500 人，考虑学生主要来自六个方言区域，所以可将之分成六个层（如学生来源占比 10%、20%、15%、30%、15%、10%），每个层按比例分别抽取 50 人、100 人、75 人、150 人、75 人、50 人，最终可组成 500 人的样本数据。

三、系统抽样

系统抽样又称等距抽样，该方法需要首先设定抽样间距 n，然后在前 n 个数据中抽取初始数据，再按顺序每隔 n 个单位选取一个数据组成样本数据，此即为系统抽样。

例如，设置抽样间距为 20，初始数据从第 1~20 个数据中随机抽取，如果抽取到第 16 个，那么每隔 20 个单位抽取一个数据将之纳入样本，即抽取第 16 个、第 36 个、第 56 个、第 76 个……将之纳入样本数据中。

四、整群抽样

整群抽样又称聚类抽样，其是将全体数据拆分成若干个互不交叉、互不重复的群，每个群内的数据应尽可能具有不同属性，尽量能代表整体数据的情况，然后以群为单位进行抽样即可。

例如，美国大选的民意调查一般采用整群抽样的方式，美国有 50 个州和 1 个特区，每个州有很多个郡，且选民的意愿与其所处的郡无关，因此每个郡都可以被看作是整群抽样的一个群，在抽样时可以对郡内的每个选民进行意见收集。

以上四种基本抽样方法都属于数据随机抽样，在实际应用中常需要根据业务需求将抽样过程分为多个阶段，采用不同的抽样方法，以此来完成数据的采集任务。

上机操作题

（1）使用“某公司销售订单”为表中的“全国订单明细”和“用户”创建并集。

（2）使用“某公司销售订单”将表中订单号以“-”为分隔符进行拆分（获取资源请扫描右侧二维码）。

第十章 统计分析的可视化

【学习目标】

1. 熟悉统计分析的具体操作。

2. 掌握 Tableau 的回归分析可视化技术。

【能力目标】

1. 熟悉各种 Tableau 分析模型的区别、适用条件，培养系统思维能力。

2. 掌握运用 Tableau 创建各种分析模型的方法，培养分析能力和建模能力。

【思政目标】

根据案例创建各种分析模型，培养耐心细致的工作作风和严肃认真的科学精神。

【思维导图】

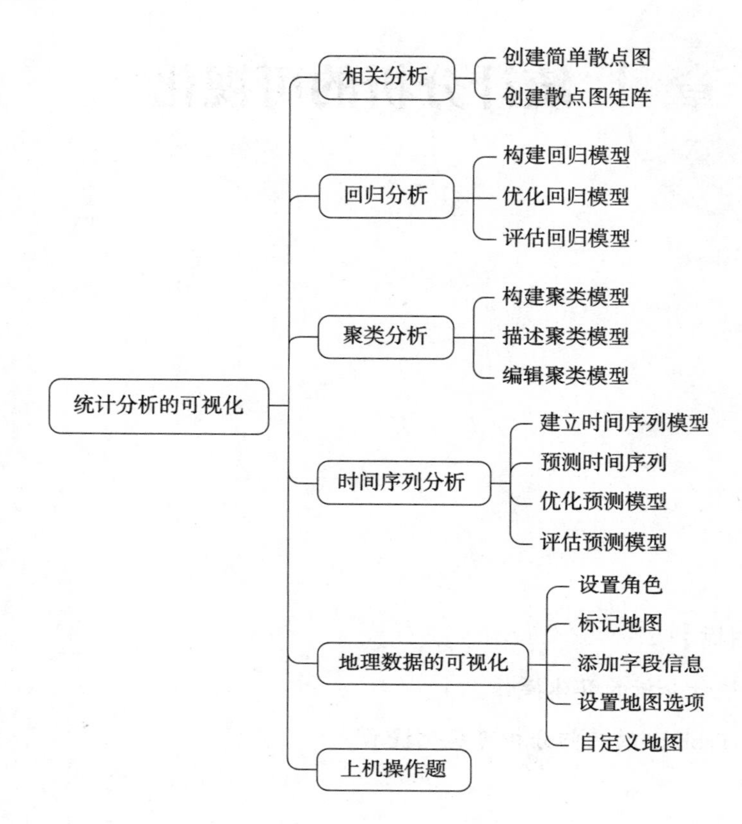

第一节 相关分析

相关分析是最基本的关系研究方法，也是多种分析方法的基础，在研究数据的过程中人们经常会使用相关分析研究定量数据之间的关系，包括是否有关系及关系紧密程度等，其通常被用于回归分析之前。例如，某电商平台需要研究客户满意度和重复购买意愿之间是否有关系及关系紧密程度如何时，就需要进行相关分析。

相关分析使用相关系数表示变量之间的关系。在分析时首先需要判断二者是否有关系，接着需要判断关系为正相关还是负相关（相关系数大于 0 为正相关，反之则为负相关），也可以通过散点图直观地查看变量间的关系，最后判断关系的紧密程度。人们通常认为绝对值大于 0.7 时两变量之间会表现出非常强的相关度，绝对值大于 0.4 时有着强相关度，而绝对值小于 0.2 时则相关度较弱。

相关系数有 3 类：Pearson、Spearman 和 Kendall，它们均被用于描述相关关系的程度，判断标准也基本一致。

（1）Pearson 相关系数。用来反映两个连续性变量之间的线性相关程度。

（2）Spearman 相关系数。用来反映两个定序变量之间的线性相关程度。

（3）Kendall 相关系数。用来反映两个随机变量拥有一致的等级相关性。

散点图是一种常用的表现两个连续变量或多个连续变量之间相关关系的可视化展现方式，其通常在变量相关性分析之前使用。借助散点图可以大致了解变量之间的相关关系类型和相关程度等。

一、创建简单散点图

要在 Tableau 中创建简单散点图，需要在“行”“列”功能区中放置一个度量字段。例如,通过连接“电子游戏销售数据 .xls”(获取资源请扫描右侧二维码)，需要分析“北美地区销售额”与“总计销售额”两个连续变量之间的关系，步骤如下。

将“北美地区销售额”字段与“总计销售额”字段分别拖曳到“列”功能区和“行”功能区中，此时视图区域中仅有一个点，这是由于 Tableau 会按照“总和”将这两个度量字段聚合。

取消勾选“分析”菜单下的“聚合度量”选项，即解聚这两个度量字段，之后，视图区域将会以散点图的形式显示所有数据。然后，再对散点图的起始坐标范围进行设置，将横坐标设置为从 5 到 40，将纵坐标设置为从 5 到 50，如图 10–1 所示。

从图 10–1 可以看出，北美地区的电子游戏销售额和总计销售额呈现较强的正相关性，即北美地区销售额增加时总计销售额也会随之增加。

二、创建散点图矩阵

散点图矩阵是散点图的高维扩展，可以帮助用户探索两个及以上变量之间的关系，在一定程度上解决了展示多维数据的难题，在数据探索阶段具有十分重要的作用。

例如，需要分析北美地区销售额、欧洲地区销售额、日本地区销售额之间的关系。可将“北美地区销售额”“欧洲地区销售额”“日本地区销售额”等字段分

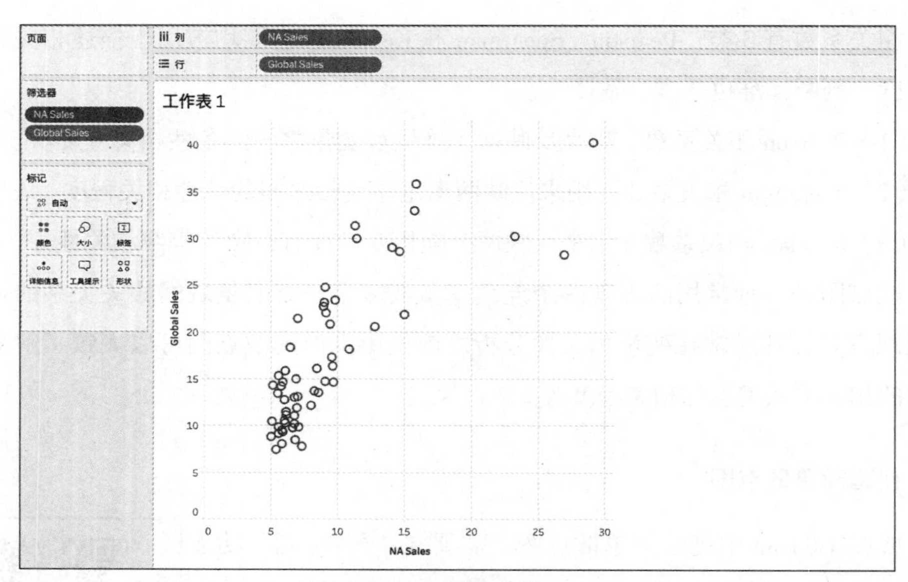

图 10–1　简单散点图

别拖曳到“行”功能区和“列”功能区中，并通过“分析”菜单下的“聚合度量”选项对 3 个度量字段进行解聚，如图 10–2 所示。

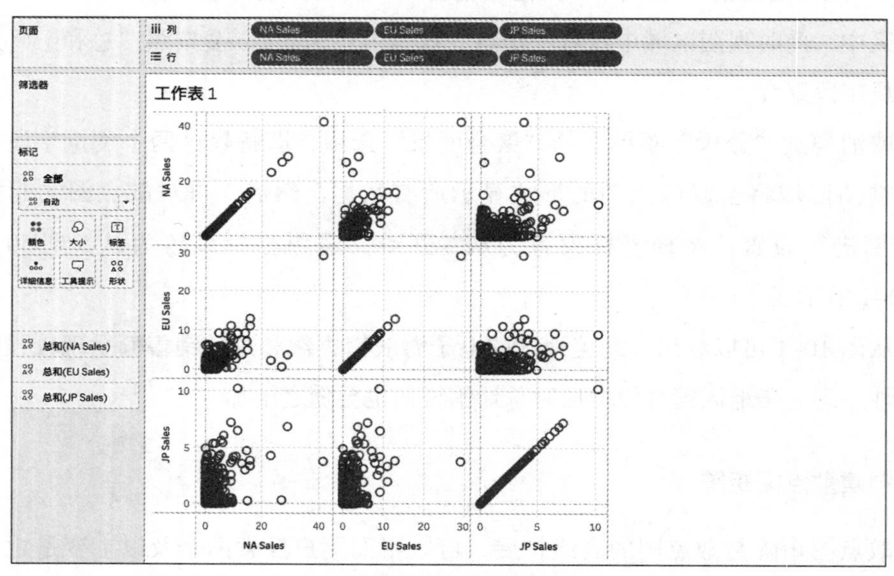

图 10–2　散点图矩阵

从图 10–2 可以看出：对角线上的散点图是一条直线，代表同一变量之间的关系，主对角线上半部分和下半部分相同；3 个地区的销售额相关性较强，说明总计销售额主要受电子游戏产品的影响，而与销售地区自身的关系不大。

第二节　回归分析

回归分析法是最基本的数据分析方法，而回归预测就是利用回归分析方法根据一个或一组自变量的变动情况预测与其相关的某随机变量的未来值。回归分析法是应用最广泛的数据分析方法之一，是基于历史观测数据建立的变量间适当的依赖关系，多用于分析数据之间的内在规律，可以解决预报、控制等问题。

线性回归主要用来解决预测连续性数值的问题，目前在经济、金融、社会、医疗等领域都有广泛的应用。此外，其还在以下方面得到了很好的应用。

（1）客户需求预测。通过海量的买家和卖家交易数据等对未来商品的需求进行预测。

（2）电影票房预测。通过历史票房数据、影评数据等公众数据对电影票房进行预测。

（3）湖泊面积预测。通过研究湖泊面积变化的多种影响因素构建湖泊面积的数学模型。

（4）房地产价格预测。利用相关历史数据分析影响商品房价格的因素并构建模型。

（5）股价波动预测。公司在搜索引擎中的被搜索量代表了该公司股票被投资者关注的程度。

（6）人口增长预测。通过历史数据分析影响人口增长的因素，以此对未来人口数进行预测。

回归分析通过规定因变量和自变量来确定这些变量之间的因果关系，以此建立回归模型并根据实测数据求解模型的各个参数，然后评价回归模型是否能够很好地拟合实测数据，具体步骤如下。

（1）确定变量。明确预测的具体目标也就确定了因变量，如预测具体目标是下一年度的销售额，那么销售额就是因变量。

（2）建立预测模型。依据自变量和因变量的历史统计数据进行计算，在此基础上建立回归分析方程，即回归分析预测模型。

（3）进行回归分析。回归分析是对具有因果关系的影响因素（自变量）和预测对象（因变量）进行的数理统计分析。

（4）计算预测误差。回归预测模型是否可用取决于对回归预测模型的检验和对预测误差的计算。只有通过了各种检验且预测误差较小的回归方程，才能成为回归预测模型。

（5）确定预测值。利用回归预测模型计算预测值，并对预测值进行综合分析，从而确定最终的预测值。

创建散点图之后，可以添加趋势线对存在相关关系的变量进行回归分析，从而拟合其回归直线。在向视图中添加趋势线时，Tableau 将构建一个回归模型，即趋势线模型。目前，Tableau 内置了线性、对数、指数、多项式和幂 5 种趋势线模型。

下面以“北美地区销售额”与“总计销售额”两个变量为例进行回归分析。

一、构建回归模型

将“北美地区销售额”与“总计销售额”分别拖曳到“行”功能区和“列”功能区中，然后通过“分析”菜单下的“聚合度量”选项对变量进行解聚，生成简单散点图。

在 Tableau 中，为散点图添加趋势线有以下两种方法。

（1）鼠标右键单击散点图，选择“趋势线”→“显示趋势线”选项（注意：程序会默认构建线性回归模型），如图 10–3 所示。

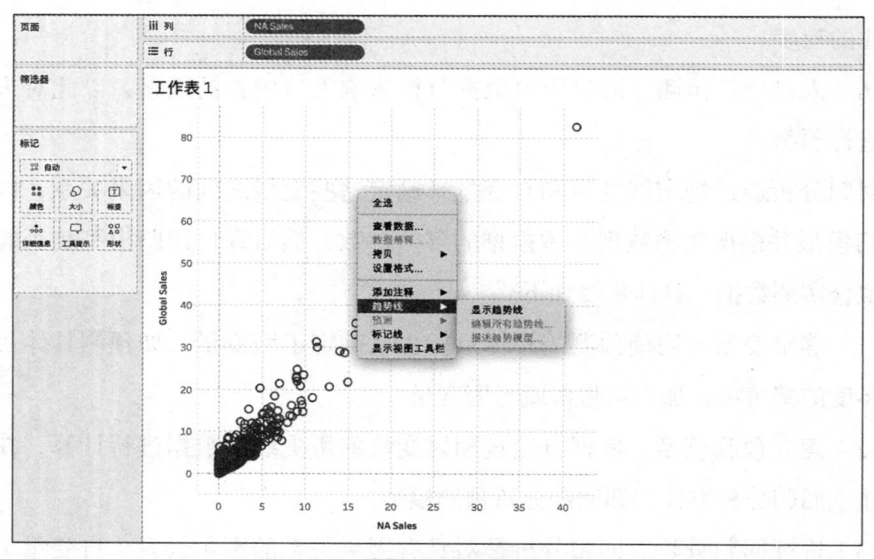

图 10–3　选择“显示趋势线”选项

（2）拖曳“分析”窗格中的“趋势线”到右侧视图中，可以选择构建模型的类型，有线性、对数、指数、多项式、幂 5 类，如图 10–4 所示。

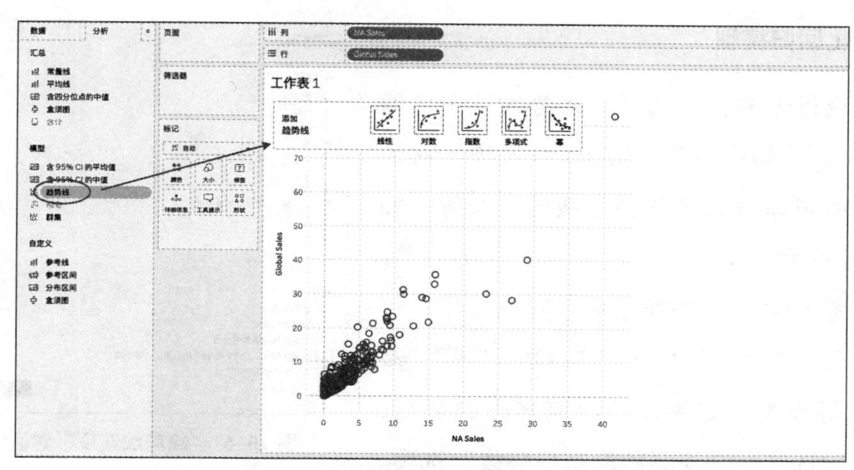

图 10–4 创建趋势线

以“线性”模型为例，首先对简单散点图的横坐标起始范围进行设置，设置范围为 0~50。生成趋势线后，将鼠标指针悬停在趋势线上，这时可以查看趋势线方程和模型的拟合情况，如图 10–5 所示。

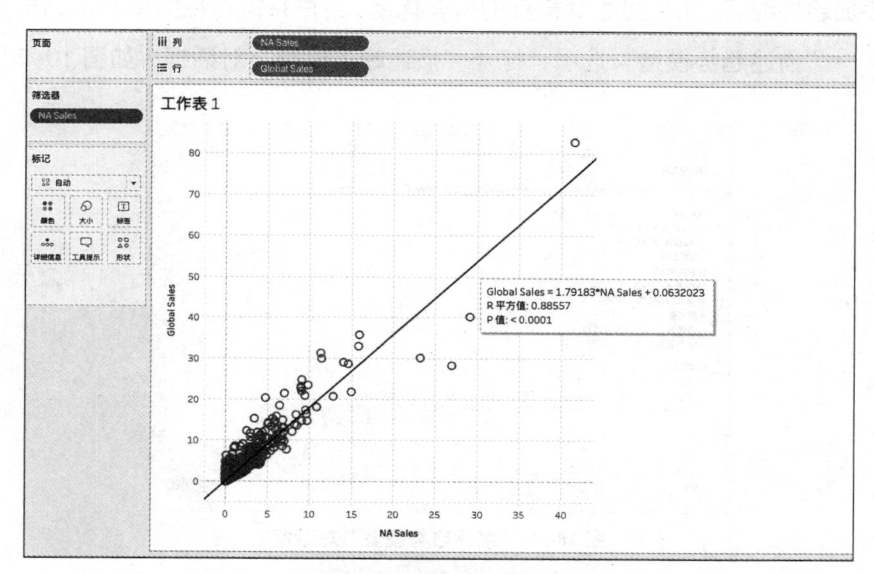

图 10–5 查看拟合情况

从图 10–5 可以看出：拟合的线性回归方程为“Global Sales=1.79183*NA Sales+0.0632023”，R^2 为 0.885 57，显著性 p 值 <0.000 1；其中，0.063 202 3 是截距，1.791 83 是回归系数，含义是自变量“北美地区销售额”每增加一个单位，因变量“总计销售额”将增加 1.791 83 个单位。

二、优化回归模型

在视图上右击，选择“趋势线”→“编辑趋势线”选项，打开“趋势线选项”对话框，此时可以重新选择趋势线的类型等，如图 10–6 所示。

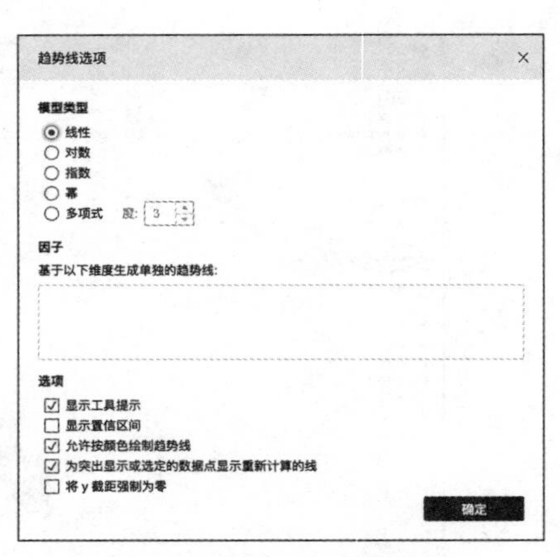

图 10–6　“趋势线选项”对话框

在图 10–6“趋势线选项”对话框中，用户可以选择“线性”“对数”“指数”“幂”“多项式”等模型。如果需要绘制多条趋势线，则可以勾选“允许按颜色绘制趋势线”选项。勾选“显示置信区间”选项后，视图中会显示上 95% 和下 95% 的置信区间线。如果需要让趋势线从原点开始，那么可以勾选“将 y 截距强制为零”选项。

三、评估回归模型

添加趋势线后，如果想查看模型的拟合优度，用户只需在视图中右击，选择“趋势线”→“描述趋势模型”选项，打开“描述趋势模型”对话框，如图 10–7 所示。

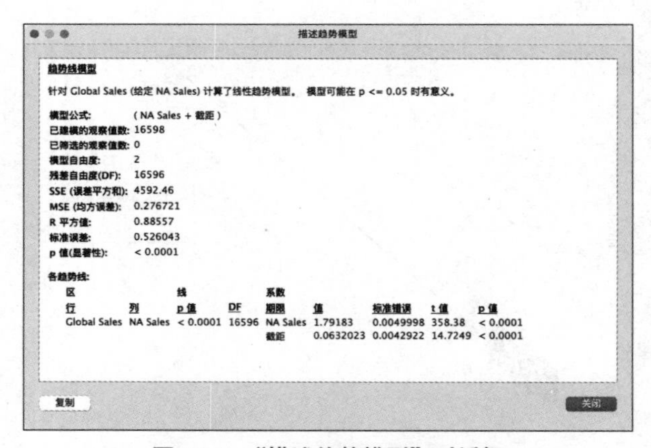

图 10–7　“描述趋势模型”对话框

通过图 10–7 所示的各个统计量可知，获取模型的主要评估信息如下。

（1）模型自由度，即指定模型所需的参数个数，这里趋势线的模型自由度为 2。

（2）R^2 值，即模型的拟合优度度量，用于评价模型的可靠性，其数值大小可以反映趋势线的估计值与对应的实际数据之间的拟合程度，取值范围为 0~1。该模型的 R^2 值为 0.885 57，故其可以解释总计销售额 88.557% 的方差。

（3）p 值（显著性），值越小代表模型的显著性越高，小于 0.0001 时说明该模型具有统计显著性，且回归系数显著。

第三节　聚类分析

聚类分析是根据“物以类聚”原理对样品或指标进行分类的一种多元统计分析方法，其能按各自的特性进行合理分类，没有任何模式可供参考或依循，即在没有先验知识的情况下依然能够分析，主要包括 K 均值聚类、系统聚类等。Tableau 嵌入的聚类模型是 K 均值聚类模型。

K 均值聚类模型（K-means）是一种迭代求解的算法，其步骤是：首先指定聚类数 K，软件会随机选取 K 个点作为初始的聚类中心点，然后计算每个对象与 K 个初始聚类中心之间的距离，并把每个对象分配给距离它最近的聚类中心点。聚类中心及分配给它们的对象就代表一个类，每个类的聚类中心会根据类中现有的对象重新计算每个类中对象的坐标平均值，这个过程将不断重复直到满足终止条件为止。

聚类与分类的不同之处在于聚类所要求划分的类是未知的，它是将数据分类到不同的类或者簇的过程，所以同一个簇中的对象有很大的相似性，而不同簇间的对象往往有很大的相异性。

聚类分析被应用于很多领域：在商业领域，聚类分析被用于发现不同的客户群，并且通过购买模式刻画不同的客户群特征；在生物领域，聚类分析被用于对动植物、基因进行分类，从而明确人们对种群固有结构的认识；在保险领域，聚类分析通过一个高的平均消费值来鉴定汽车保险单持有者的分组，同时根据住宅类型、价值、地理位置来鉴定一个城市的房产分组；在互联网领域，聚类分析常被用于在网上进行文档归类从而修复信息。

一、构建聚类模型

下面以电子游戏销售数据为例对北美地区和欧洲地区的销售额数据进行聚类分析。

将“北美地区销售额”字段拖曳到“列”功能区中，将“欧洲地区销售额”拖曳到“行”功能区中。通过“分析”菜单下的“聚合度量”命令解聚变量，如图 10-8 所示。

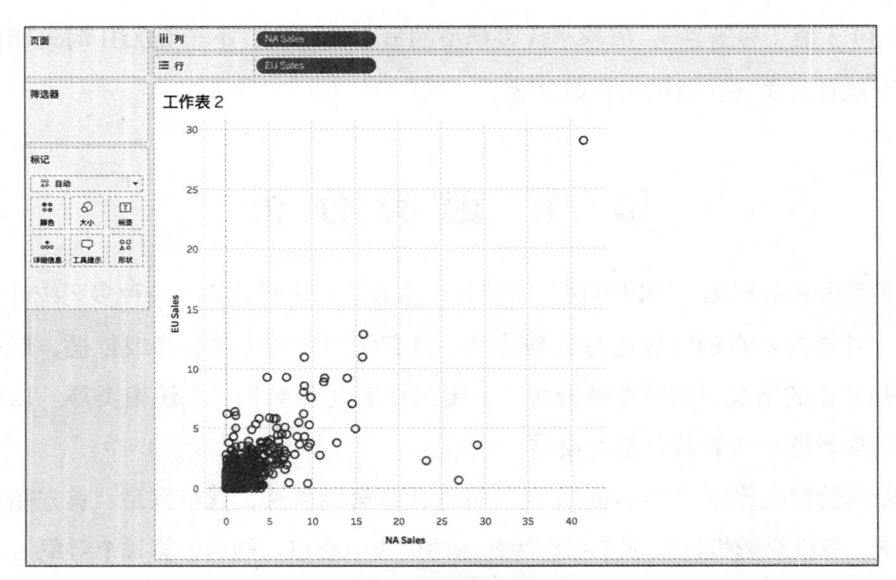

图 10–8　解聚变量

拖曳“分析”窗格中的“群集”到右侧视图中，视图的左上方会显示创建群集的信息，如图 10–9 所示。

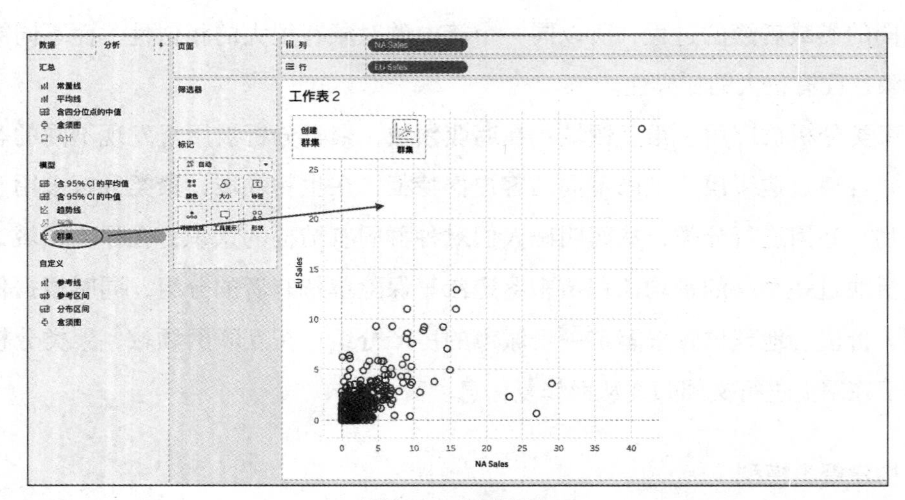

图 10–9　创建群集

从绘制的散点图可以看出，将群集分为 3 类比较合适，因此，可在弹出的“群集”对话框中的“群集数”文本框中输入 3，如图 10–10 所示。

将生成的“群集”字段拖曳到“标签”和“形状”标记上，然后对视图进行适当的美化，聚类分析结果如图 10–11 所示。

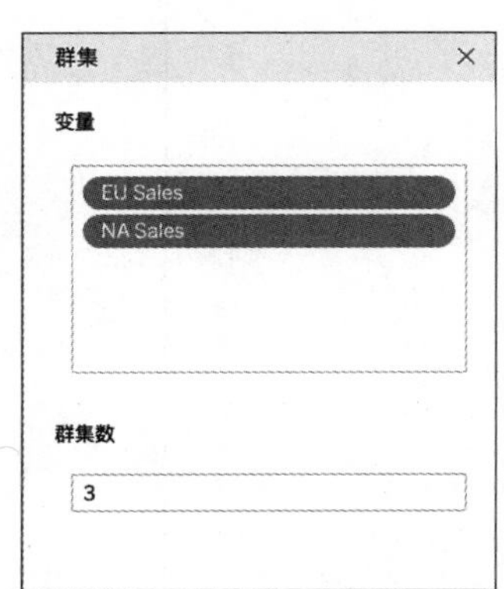

图 10–10　设置“群集数”

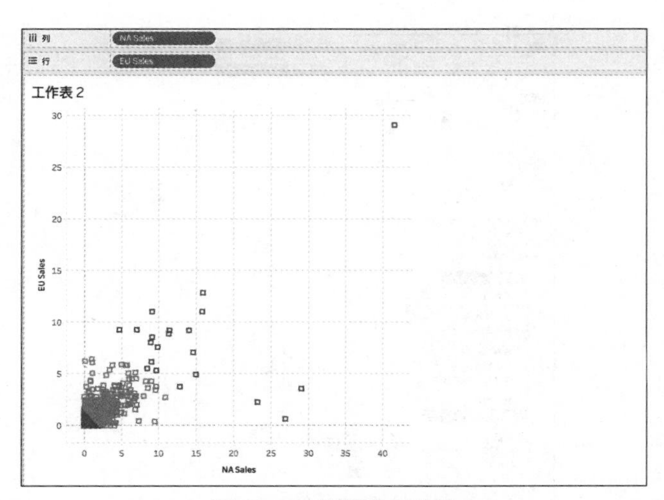

图 10–11　聚类分析结果

二、描述聚类模型

在“群集”下拉列表中选择“描述群集”选项，Tableau 会弹出“描述群集”对话框，其中的“摘要”选项卡内描述了已创建的预测模型，包括“要进行聚类分析的输入”“汇总诊断”等信息，如图 10–12 所示。

在“模型”选项卡中，Tableau 提供了方差分析的统计信息，包含“变量”“*F*– 统计数据”“*p* 值”“模型的平方值总和”“错误的平方值总和”等，如图 10–13 所示。

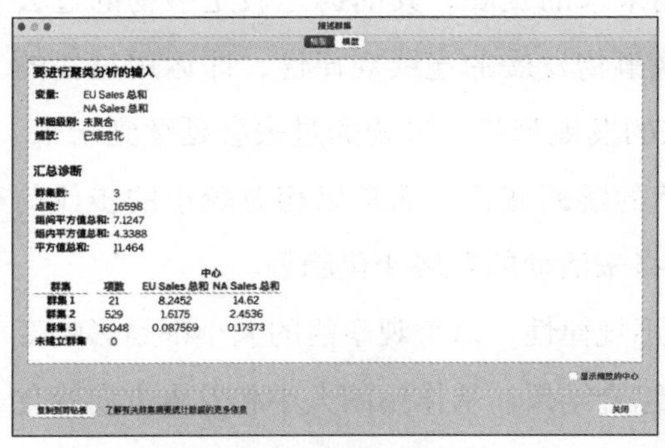

图 10–12　“摘要”选项卡

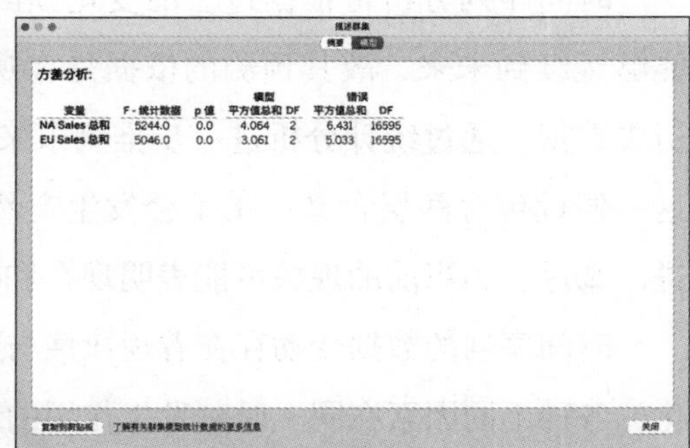

图 10–13　“模型”选项卡

三、编辑聚类模型

在“群集”下拉列表中选择“编辑群集”选项，Tableau 会弹出“群集”对话框，用户可以在其中添加聚类变量和修改群集数量，如图 10–14 所示。

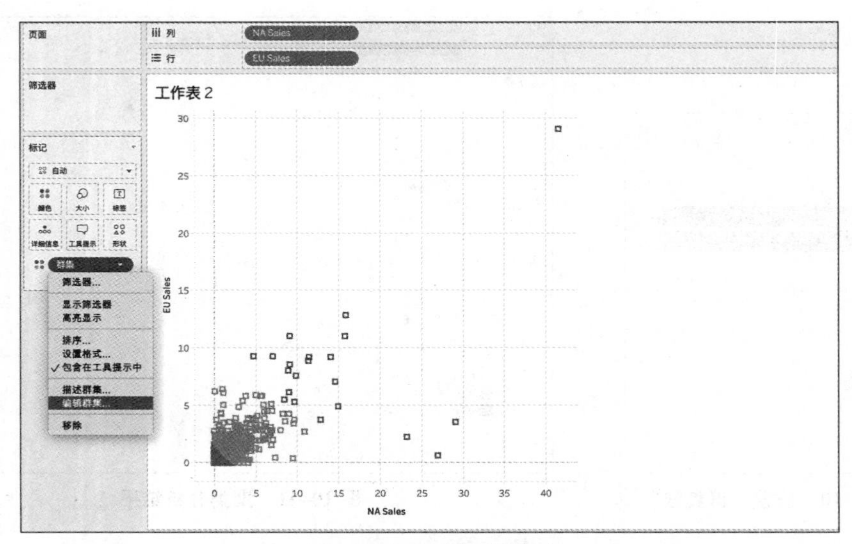

图 10-14　编辑聚类模型

第四节　时间序列分析

时间序列分析是根据系统观测得到的时间序列数据建立数学模型的理论和方法，它一般采用曲线拟合和参数估计方法（如非线性最小二乘法）进行预测。时间序列分析常用在企业经营管理、市场潜量预测、气象预报、地震前兆预报、农作物病虫灾害预报、环境污染控制等方面。

时间序列分析可根据过去的变化预测未来的发展，其前提是假定事物的过去能够延续到未来，故其预测的依据是客观事物发展的连续规律性，即运用过去的历史数据，通过统计分析进一步推测未来的发展趋势。事物的过去会延续到未来，这一假设包含两层含义：①不会发生突然的跳跃变化，而是以相对较小的步伐前进。②过去和当前的现象可能表明现在和将来活动的发展变化趋势。

时间序列的数据变动存在着规律性与不规律性，每个观察值的大小都是影响变化的各种不同因素在同一时刻发生作用的综合结果。从作用的大小和发生方向变化的时间特性来看，这些影响因素造成的时间序列数据的变动可被分为以下 4 种类型。

（1）趋势性。某个变量随着时间进展或自变量变化，呈现一种比较缓慢而长期的持续上升、下降或停滞等同性质变动趋势，但变动幅度可能不相等。

（2）周期性。某个因素受外部的影响，随着周期性的交替而出现高峰与低谷的规律。

（3）随机性。个别因素为随机变动，但整体呈现统计规律。

（4）综合性。实际变化情况是几种变动的叠加或组合，预测时应设法过滤不规则变动，突出反映趋势性和周期性变动。

Tableau 内嵌了对周期性波动数据的预测功能，可以分析数据规律、自动拟合、预测未来数据等，还可以对预测模型的参数进行调整，评价预测模型的精准度。

但是，Tableau 嵌入的预测模型主要考虑数据本身的变化特征，无法考虑外部影响因素，因此主要适用于存在明显周期波动特征的时间序列数据。

一、建立时间序列模型

时间序列图是一种特殊的折线图，其以时间为横轴，纵轴是不同时间点上变量的数值，它可以帮助用户直观地了解数据的变化趋势和周期性的变化规律。时间序列图的时间单位可以是年、季度、月、日，也可以是小时、分钟等。

下面以电子游戏销售数据为例创建北美地区销售额的时间序列图。

将“北美地区销售额”字段拖曳到“行”功能区，将“年份”字段拖曳到“列”功能区，并单击鼠标右键，选择“年”选项切换日期字段的级别，视图中即可显示北美地区销售额的时间序列图，如图 10–15 所示。

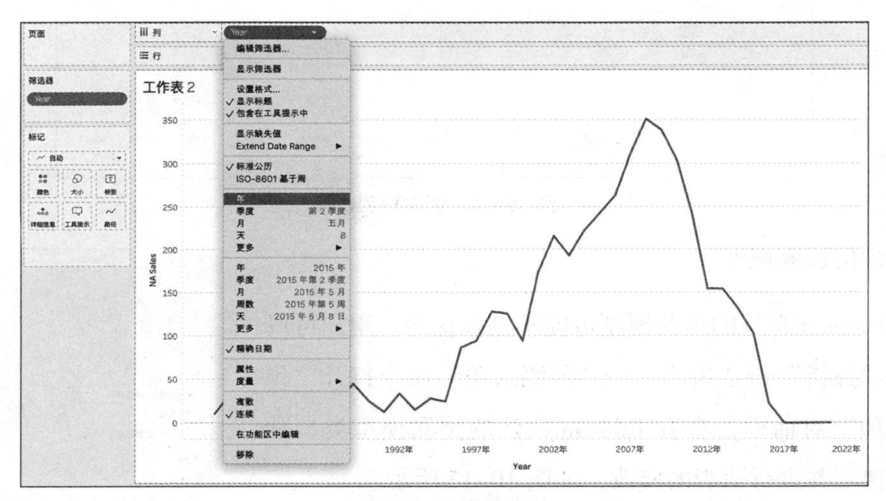

图 10–15　时间序列图

二、预测时间序列

Tableau 嵌入了“指数平滑”的预测模型，即基于历史数据为时间序列引入一个简化的加权因子（即平滑系数），以迭代的方式预测未来一定周期内的变化趋势。

该方法之所以被称为指数平滑法，是因为其每个级别的值都受到前一个实际值的影响，且影响程度呈指数级别下降，即数值离现在越近，权重就越大。

时间序列中的数据点越多，通常其所产生的预测结果就越准确。如果要进行周期性建模，那么需要具有足够的数据，因为模型越复杂就需要越多的数据。

下面以电子游戏销售数据为例创建北美地区销售额的时间序列预测模型。截至目前，Tableau 有以下 3 种方式生成预测曲线。

（1）执行“分析”→“预测”→“显示预测”命令。

（2）在视图任意一点上单击鼠标右键，选择“预测”→“显示预测”选项。

（3）拖曳“分析”窗格中的“预测”模型到视图中。

在视图中，预测值显示在历史实际值的右侧，如图 10–16 所示。

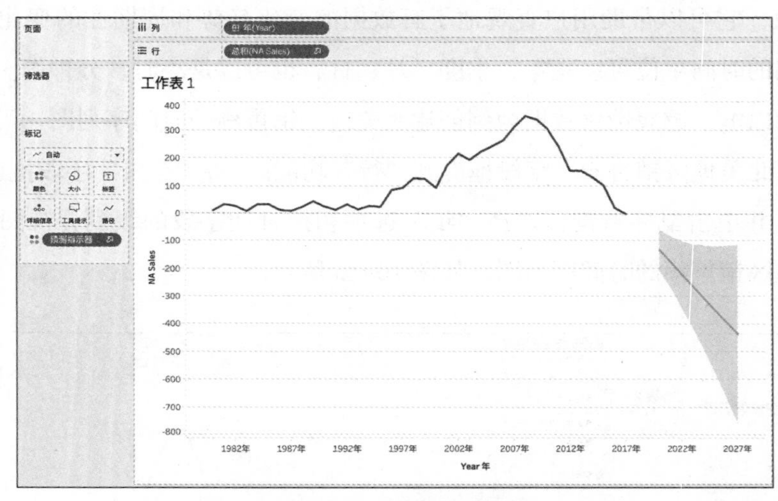

图 10–16 创建预测曲线

三、优化预测模型

Tableau 默认的预测模型可能不是最优的，用户可以执行“分析”→“预测”→“预测选项”命令打开“预测选项”对话框，查看 Tableau 默认的预测模型类型和预测选项并进行适当的修改，如图 10–17 所示。

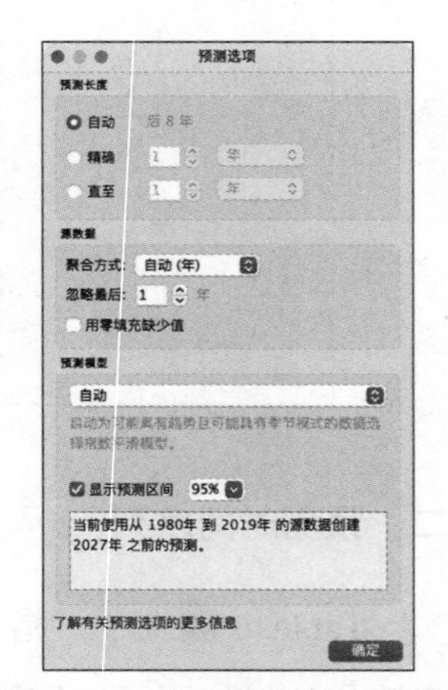

图 10–17 “预测选项”对话框

“预测选项”对话框中包括以下选项。

（1）预测长度。该选项用于确定预测未来时间的长度，包括“自动”“精确”“直至”3 个选项。

（2）源数据。该选项用于指定数据的聚合、期数选取和缺失值的处理方式，包括“聚合方式”“忽略最后”“用零填充缺少值”3个选项。

（3）预测模型。该选项用于指定如何生成预测模型，包括“自动”“自动不带季节性”“自定义”3个选项。

（4）显示预测区间。用户可以勾选“显示预测区间”选项并设置预测的置信区间为90%、95%、99%或者输入自定义值，并可设置其是否在预测中包含预测区间。

（5）预测摘要。“预测选项”对话框底部的文本框中提供了对当前预测的描述，每次更改上方的任一预测选项后，预测摘要都会自动更新。

这里在“预测选项”对话框中将“预测长度”选项设置为“自动”，将“聚合方式”选项设置为“自动”，将“预测模型”选项设置为“自动”，单击“确定”按钮，预测结果如图10–18所示。

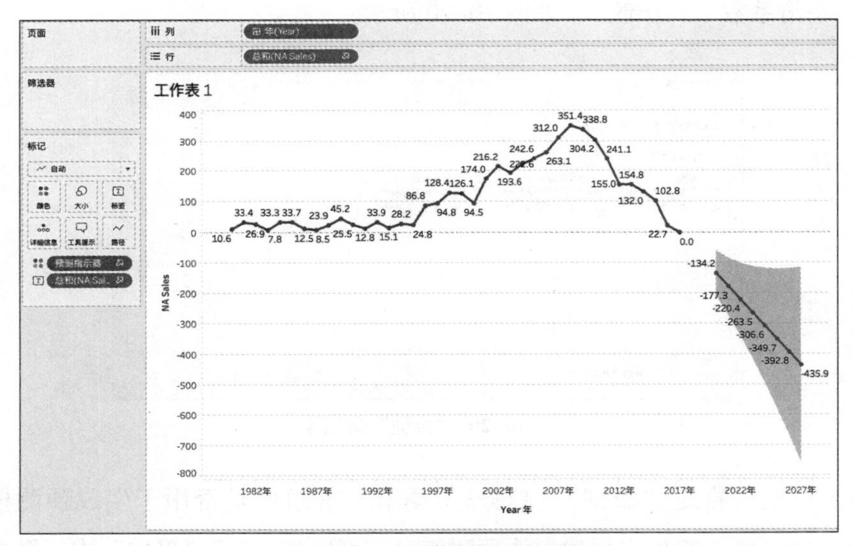

图 10–18　时间序列预测结果

四、评估预测模型

与其他数据建模一样，时间序列建模完毕后Tableau还需要通过一些具体指标对模型进行评估，具体操作如下。

执行“分析”→“预测”→“描述预测”命令，打开“描述预测”对话框，在其中可以查看模型的详细描述，其分为“摘要”选项卡和“模型”选项卡。

在“摘要”选项卡中描述了已创建的预测模型，上半部分汇总了 Tableau 创建预测模型所用的选项，一般由软件自动选取，用户也可以在“预测选项”对话框中指定，如图 10–19 所示。

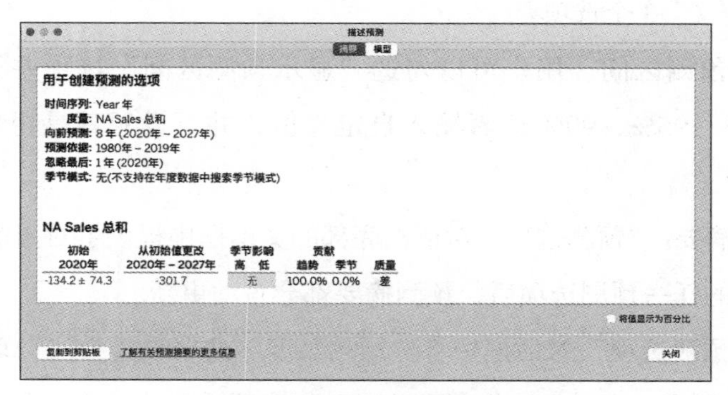

图 10–19 “摘要”选项卡

在“模型”选项卡中，Tableau 提供了更详尽的模型信息，包含“模型”“质量指标”“平滑系数”3 个部分，如图 10–20 所示。

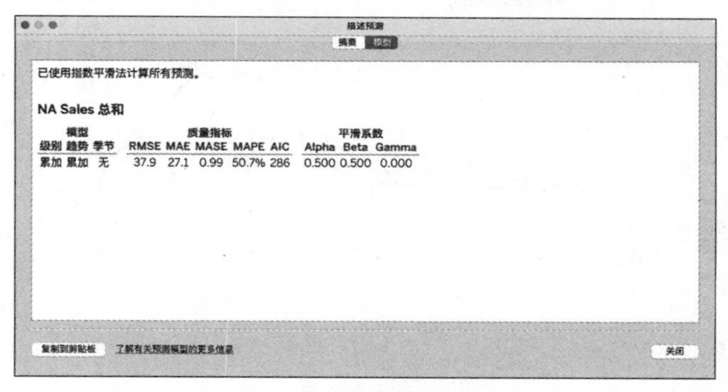

图 10–20 “模型”选项卡

（1）模型。指定“级别”“趋势”“季节”等组件是否用于生成预测模型的一部分，并且每个组件在创建整体预测值时，可以是“无”“累加”或“累乘”。

（2）质量指标。显示常规时间序列预测中经常使用的 5 个判断指标，包括“RMSE（均方误差）”“MAE（平均绝对误差）”“MASE（平均绝对标度误差）”“MAPE（平均绝对百分比误差）”及常用的“AIC（Akaike 信息准则）”。

（3）平滑系数。显示 3 个参数，即“Alpha（级别平滑系数）”“Beta（趋势平滑系数）”和“Gamma（周期平滑系数）”，根据数据的级别、趋势或周期的演变速率对平滑系数进行优化，使得较近的数值权重大于较早的数值权重。

第五节　地理数据的可视化

地理数据一般是通过绘制地图实现可视化的。地图是指依据一定的数学法则，使用制图语言表达地球上各种事物的空间分布、联系及时间的发展变化状态而绘制的图形。

下面简单介绍使用 Tableau 绘制地图的步骤。

（1）设置角色。即指定包含位置数据的字段，Tableau 会自动将地理角色分配给具有公用位置名称的字段。

（2）标记地图。在创建地图时，需要将生成的“纬度（生成）”和“经度（生成）”字段分别拖曳到“行”功能区和“列”功能区中,并将地理字段（如“城市”）拖曳到“详细信息”标记上。

（3）添加字段信息。为了使地图更加美观，用户可能需要添加更多的字段信息，这可以通过从“数据”窗格中将度量字段或连续维度字段拖曳到“标记”卡中来实现。

（4）设置地图选项。在创建地图时，Tableau 提供了多个选项帮助用户控制地图的外观,选择“地图”→“地图选项”选项,打开“地图选项”窗格即可自行定义。

（5）自定义地图。创建地图时,用户可以使用不同的方式浏览视图并与其交互,如放大和缩小视图、平移视图、选择标记，甚至可以通过地名搜索具体地点等。

上机操作题

（1）使用“某公司销售数据 .xlsx”文件预测该公司华北地区当年 7 月的销售额。

（2）使用“某公司销售数据 .xlsx”文件对各地区销售额进行聚类分析。

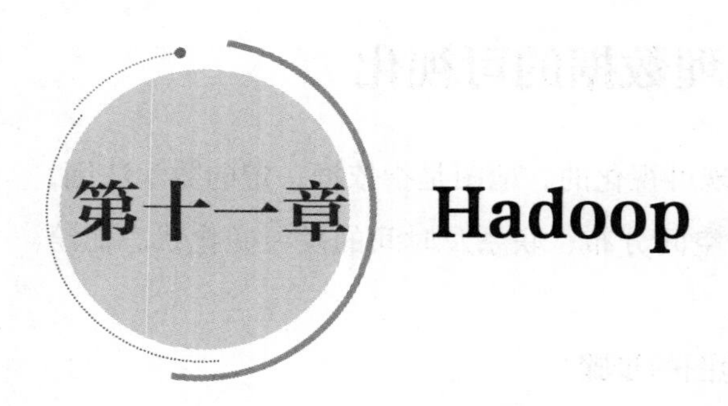

第十一章 Hadoop

【学习目标】

1. 了解 Hadoop 两大发行版本以及其使用的上机操作。

2. 熟悉正确连接到 Cloudera Hadoop 以及 MapR Hadoop 的大数据集群所需要的条件和步骤，熟悉 Hadoop 连接性能的优化策略。

3. 掌握 Hadoop 两大核心组件：HDFS 和 MapReduce 的基本架构。

【能力目标】

通过理解 Hadoop 连接性能的优化策略，掌握 Hadoop 两大核心组件：HDFS 和 MapReduce 的基本架构，培养分析问题和解决问题的能力。

【思政目标】

通过对 Hadoop 的学习，了解大数据安全问题，提升数据安全意识。

【思维导图】

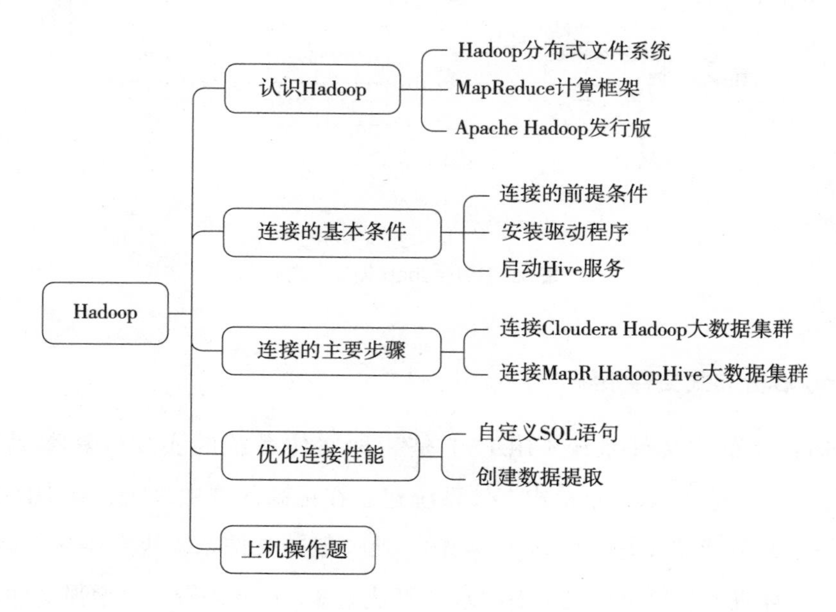

第一节 认识 Hadoop

Hadoop 于 2006 年成为雅虎项目，随后又成为 Apache 开源项目。它是一种通用的分布式系统基础架构，具有多个组件：Hadoop 分布式文件系统（HDFS）可将文件以 Hadoop 本机格式存储并在集群中并行化；YARN 是协调应用程序运行的调度程序；MapReduce 是实际并行处理数据的算法。通过 Thrift 客户端，用户可以为 Hadoop 编写 MapReduce 或者 Python 代码。

除了以上基本组件外，Hadoop 还包括一些其他组件：Sqoop 可以将关系数据移入 HDFS；Hive 是一种类似 SQL 的接口，允许用户在 HDFS 上运行查询；Mahout 是分布式机器学习算法的集合等。以上组件共同组成了 Hadoop 集群，如图 11-1 所示。除了可以将 HDFS 用于文件存储外，Hadoop 现在还可以使用 S3 buckets 或 Azureblob 作为输入数据源。

Hadoop 主要用于大数据的存储、计算，Hadoop 集群主要由两个部分组成：一部分是存储、计算“数据”的“库”；另一部分则是存储计算框架。

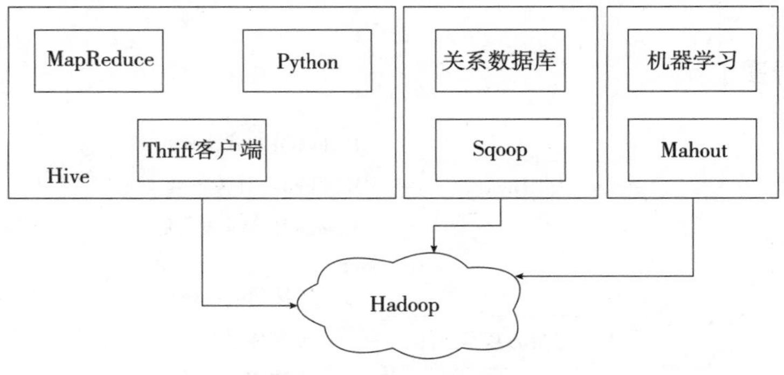

图 11-1　Hadoop 集群组成

一、Hadoop 分布式文件系统

Hadoop 分布式文件系统（HDFS）是一种文件系统的实现，其类似 NTFS、Ext3、Ext4，不过 Hadoop 分布式文件系统建立在更高的层次之上，在 HDFS 上存储的文件会被分成块（每块默认为 64MB，比一般的文件系统块大得多），然后分布在多台计算机上，每个块又会有多块（默认为 3）冗余备份，以增强文件系统的容错能力，这种存储模式与后面的 MapReduce 计算模型相得益彰。HDFS 在具体的实现中主要有以下几个部分。

1. 名称结点

名称结点（name node）的职责在于存储整个文件系统的元数据，故其非常重要。元数据在集群启动时会被加载到内存中，其改变也会被写入磁盘的系统映像文件中，同时文件系统还会维护元数据的编辑日志。HDFS 存储文件时会将文件划分成逻辑上的块存储，这些块之间的对应关系都被存储在名称结点上，如果有损坏，整个集群的数据都会不可用。

用户可以采取一些措施备份名称结点的元数据，如将名称结点目录同时设置为本地目录和一个 NFS 目录，这样任何对元数据的改变都会被写入两个目录中互为冗余备份。在使用中的名称结点关机后，用户可以使用 NFS 上的备份文件恢复文件系统。

2. 第二名称结点

第二名称结点（secondary name node）的作用是定期通过编辑日志合并命名空间映像，以防止编辑日志过大。不过第二名称结点的状态是滞后于名称结点的，如果名称结点出现问题则必定会有一些文件损失。

3. 数据结点

数据结点（data node）是 HDFS 中存储具体数据的地方，一般包含多台设备。除了提供存储服务，数据结点还会定时向名称结点发送存储的块列表。名称结点没有必要永久保存每个文件和每个块所在的数据结点，这些信息会在系统启动后由数据结点重建。

二、MapReduce 计算框架

MapReduce 计算框架是一种分布式计算模型，其核心作用是将任务分解成多个小任务，由不同的计算设备同时参与计算，并将各个设备的计算结果合并，得出最终结果。该模型非常简单，一般只需要实现两个接口即可，关键在于怎样将实际问题转化为 MapReduce 任务。Hadoop 的 MapReduce 主要由以下两个部分组成。

1. 作业跟踪结点

作业跟踪结点（job tracker node）负责任务的调度（用户可以为其设置不同的调度策略）、状态跟踪，其有些类似 HDFS 中的名称结点。作业跟踪结点也是一个单点，在软件未来的版本中这个单点可能会有所改进。

2. 任务跟踪结点

任务跟踪结点（task tracker node）负责具体的任务执行，其通过“心跳”的方式将状态告知作业跟踪结点，并由作业跟踪结点根据这一状态为其分配任务。任务跟踪结点会启动一个新 JVM 实例执行任务，当然这些 JVM 实例也可以被重用。

三、Apache Hadoop 发行版

Hadoop 在大数据领域的应用前景很广，不过因为其是开源技术，所以在实际应用过程中存在很多问题。市场上有多种 Hadoop 发行版，国外目前主要有两家公司在做这项业务，即 Cloudera 和 MapR。它们通过开源社区提高产品的稳定性，同时强化了一些功能，定制化程度较高，但核心技术是不公开的，收入主要来自软件授权及服务。

1. Cloudera Hadoop

Cloudera 公司是大数据领域的市场领导者，其提供了市场上第一个 Hadoop 商业发行版本，即 Cloudera Hadoop。Cloudera Hadoop 对 Apache Hadoop 进行了商业化，

简化了安装过程，并对 Hadoop 做了一些封装。CDH（Cloudera Distribution Hadoop）是 Hadoop 众多分支中的一个，是 Cloudera 公司的发行版，包含 Hadoop、Spark、Hive、Hbase 和一些工具等。

Cloudera Hadoop 有两个版本：Cloudera Express 版本是免费的；Cloudera Enterprise 版本是收费的，有 60 天的试用期。Cloudera Express 和 Cloudera 企业版的架构如图 11–2 所示。

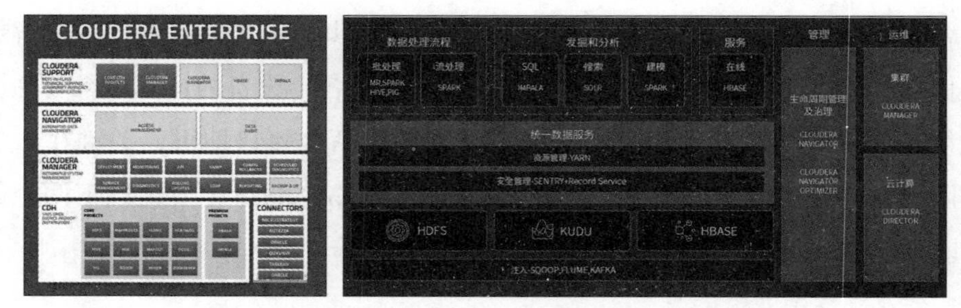

图 11–2　Cloudera Express 和 Cloudera 企业版的架构

Cloudera Hadoop 的系统管控平台是 Cloudera Manager，它易于使用、界面友好，拥有丰富的信息内容。为了便于在集群中运行与 Hadoop 等大数据处理相关的服务、安装和监控管理组件，Cloudera Hadoop 对集群中主机、Hadoop、Hive、Spark 等服务的安装配置管理做了极大的简化。

2. Map RHadoop

MapR 公司的 Hadoop 商业发行版紧跟市场需求，能更快地满足市场需要。一些行业巨头（如思科、埃森哲、波音、谷歌、亚马逊）也是 MapR 公司的用户。与 Cloudera Hadoop 不同的是，Map RHadoop 不依赖于 Linux 操作系统，也不依赖于 HDFS，而是通过 MapR–FS 文件系统把元数据保存在计算结点中，从而快速存储和处理数据，其架构如图 11–3 所示。

图 11–3　Map RHadoop 的架构

第二节 连接的基本条件

HadoopHive是一种混合使用传统的SQL表达式、特定于Hadoop的高级数据分析和转换操作以利用Hadoop集群数据的技术。Tableau可以使用Hive与Hadoop配合工作，提供无须编程的环境，支持使用Hive和数据源的HiveODBC驱动程序连接存储在Cloudera、Hortonworks和MapR分布集群中的数据。

一、连接的前提条件

HiveServer的连接必须具备以下条件之一：Hadoop集群包含ApacheHadoopCDH3u1或更高版本的Cloudera发行版，其中包括Hive 0.7.1或更高版本、Hortonworks、MapREnterpriseEdition（M5）、AmazonEMR。

对HiveServer 2的连接必须具备以下条件之一：Hadoop集群包括ApacheHadoopCDH4u1的Cloudera发行版、HortonworksHDP1.2、带有Hive 0.9+的MapREnterpriseEdition（M5）、AmazonEMR。

此外，还必须在每台运行Tableau Desktop或Tableau Server的计算机上安装HiveODBC驱动程序。

二、安装驱动程序

对于HiveServer或HiveServer2，用户必须从“驱动程序”页面下载并安装Cloudera、Hortonworks、MapR或AmazonEMR的ODBC驱动程序。

（1）Cloudera（Hive）。适用于ApacheHive2.5.x的ClouderaODBC驱动程序；用于TableauServer 8.0.8或更高版本，需要使用2.5.0.1001或更高版本的驱动程序。

（2）Cloudera（Impala）。适用于ImpalaHive 2.5.x的Cloudera ODBC驱动程序。如果需要连接到Cloudera Hadoop上的Beeswax服务，则要改为适合Tableau Windows版使用的Cloudera ODBC 1.2连接器。

（3）Hortonworks。HortonworksHiveODBC驱动程序1.2.x。

（4）MapR。MapR_odbe_2.1.0_x86.exe或更高版本；或者MapR_odbc_2.1.0_x64.exe或更高版本。

（5）AmazonEMR。HiveODBC.zip或ImpalaODBC.zip。

如果已安装了其他版本的驱动程序，则应先卸载该驱动程序，再安装“驱动程序”页面上提供的对应版本。

三、启动 Hive 服务

在集群中，对所有 Hive 元数据和分区的访问都要通过 Hive Metastore。启动远程 Metastore 后，应通过 Hive 客户端连接 Metastore 服务，从而可以从数据库中查询元数据信息，Metastore 服务端和客户端间的通信将通过 Thrift 协议实现。

在 Hadoop 集群的终端界面中输入命令“hive–service metastore”。该命令将在退出 Hadoop 终端时被终止，因此用户可能需要以持续状态运行 Hive 服务。要将 Hive 服务移到后台，需要输入以下命令“nohup hive–service metastore > metastore.log 2>&1 &”。

此外，在 Hadoop 集群中，用户可以通过启动 HiveServer2 使客户端在不启动 HiveCLI 的情况下对 Hive 中的数据进行操作。此外，它允许远程客户端使用编程语言（如 Java、Python 或者第三方可视化工具）向 Hive 提交数据提取请求并返回结果。HiveServer2 支持多客户端的并发和认证，可以为开放 API 客户端（如 JDBC、ODBC）提供更好的支持。

因此，Tableau 在连接 Hadoop 集群时也需要启动 HveServer2，在终端界面中输入命令“hive–service hiveserver2&”。

第三节　连接的主要步骤

在 Tableau 中选择适当的服务器、Cloudera Hadoop 和 MapR HadoopHive，然后输入连接所需的信息。

一、连接 Cloudera Hadoop 大数据集群

在连接 Cloudera Hadoop 大数据集群前需要确保当前系统已经安装了最新的驱动程序，故应按照以下步骤安装对应的驱动程序：首先到 Cloudera 的官方网站下载对应的驱动程序，然后单击 HiveODBC 驱动程序的下载链接，如图 11–4 所示。

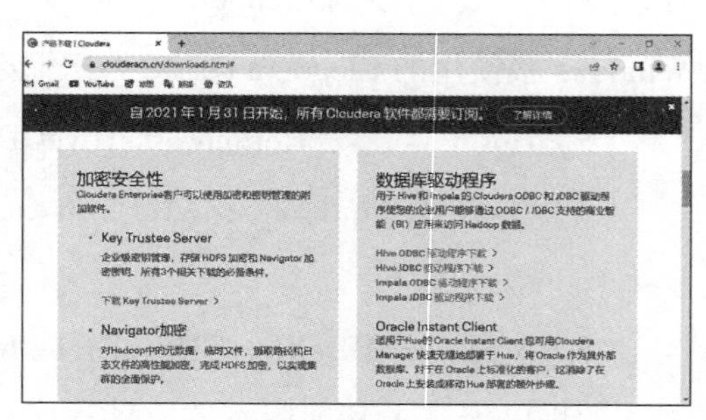

图 11–4　下载 Cloudera Hadoop Hive

根据需求选择合适的 ODBC 驱动程序（这里选择的是 64 位 Windows 驱动程序），单击 GETITNOW（马上获取）按钮，如图 11–5 所示。进入注册页面，填写相应的信息就可以下载。

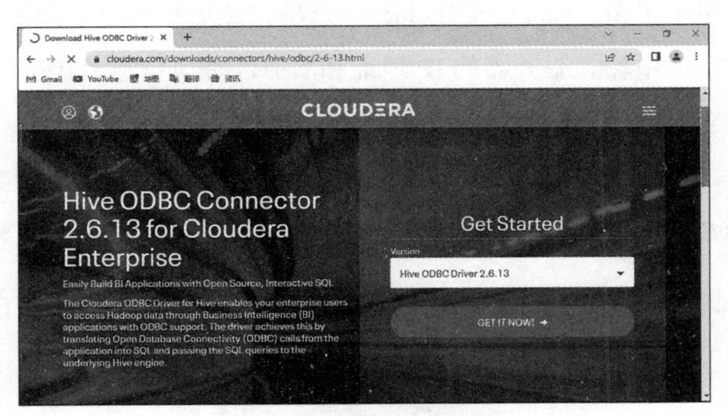

图 11–5　选择合适的版本

驱动程序的安装比较简单，保持默认设置即可，这里不再具体介绍。

安装完毕驱动程序后，需要检查一下系统是否可以正常连接 Cloudera Hadoop 集群，前提是连接前需要正常启动 Hadoop 集群。

打开计算机管理工具下的 ODBC 数据源，然后配置“SampleCloudera HiveDSN”，如图 11–6 所示，配置完毕后，单击下方的 Test 按钮。如果测试结果中显示“SUCCESS!”，说明可以正常连接 Hadoop 集群。

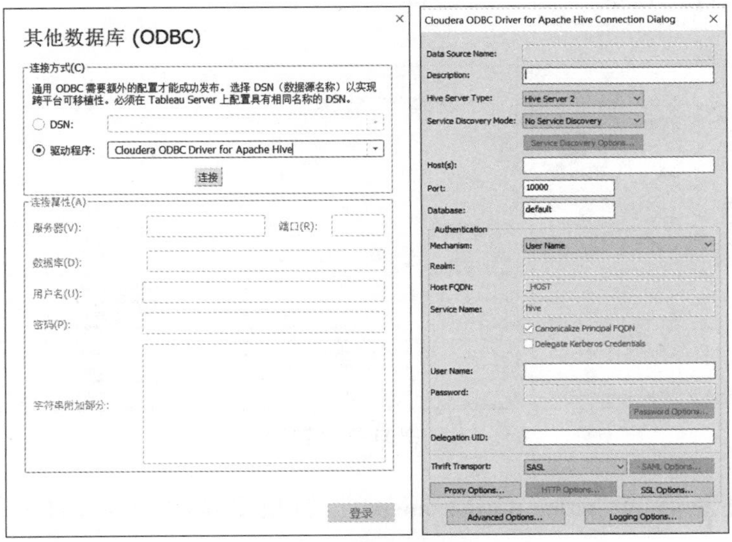

图 11–6　连接系数对话框

测试成功后用户就可以在 Tableau 中连接 Cloudera Hadoop 集群了，如未成功则需要找出失败的原因并重新进行测试，这一过程对初学者来说有一定的难度，建议咨询企业大数据平台的相关技术人员。下面介绍具体的连接过程。在开始页面的“连接”窗格中单击“Cloudera Hadoop”选项，然后执行以下操作。

（1）在对话框中输入服务器的 IP 地址和服务器登录信息，包括“类型”“身份验证”“传输类型”“用户密码”等，如图 11–7 所示。

（2）单击“登录”按钮，如果出现如图 11–8 所示的界面说明连接成功，否则请检查前面的参数设置。

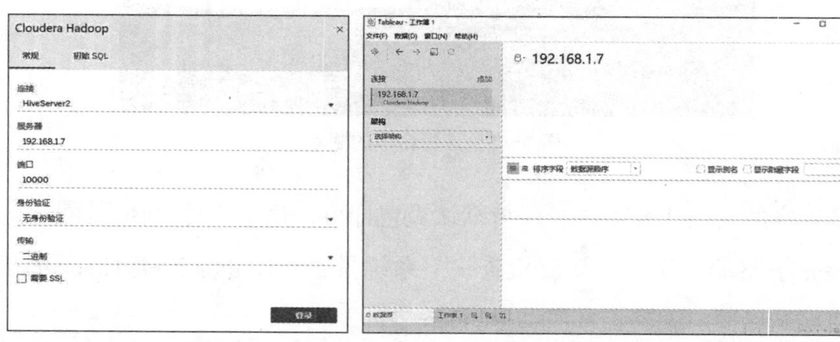

图 11–7 连接 Cloudera Hadoop　　图 11–8 成功连接数据源

（3）在“架构”下拉列表中选择数据库（架构与关系类型数据库名称类似）。选择合适的架构查找方式，有“精确”“包含”“开头”3 种，这里选择“精确”方式，如图 11–9 所示。

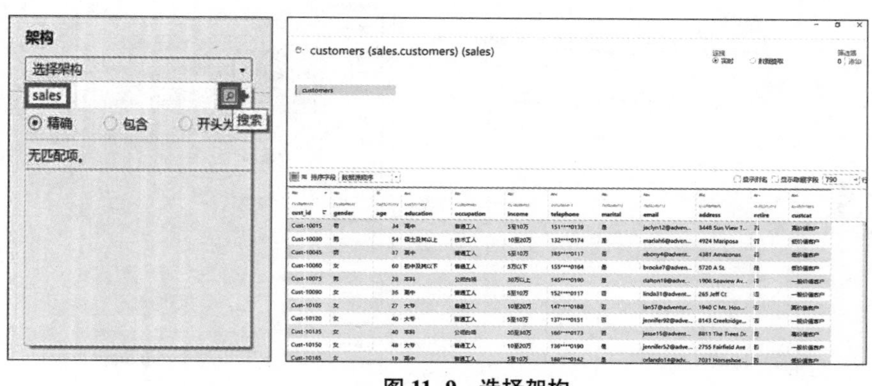

图 11–9 选择架构

（4）将左侧的“orders（sales.orders）”拖曳到画布区域，然后更新，如图 11–10 所示。

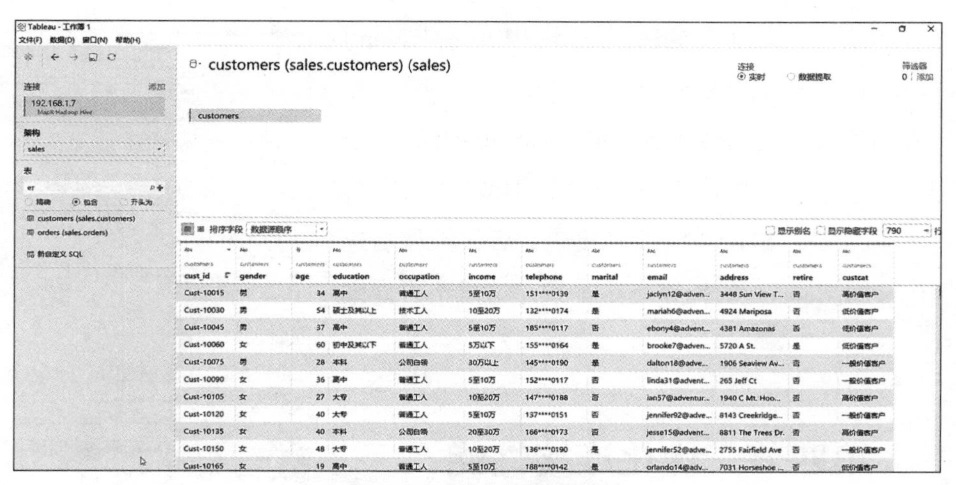

图 11-10 成功连接数据源

二、连接 MapR HadoopHive 大数据集群

在连接MapR HadoopHive 大数据集群前,需要确保已经安装了最新的驱动程序。按照以下步骤安装对应的驱动程序:首先到 MapR 的官方网站下载对应的驱动程序,单击合适的下载链接,根据需要选择适合当前系统的 ODBC 驱动程序,这里选择的是 64 位 Windows 驱动程序,然后下载驱动程序,如图 11-11 所示。

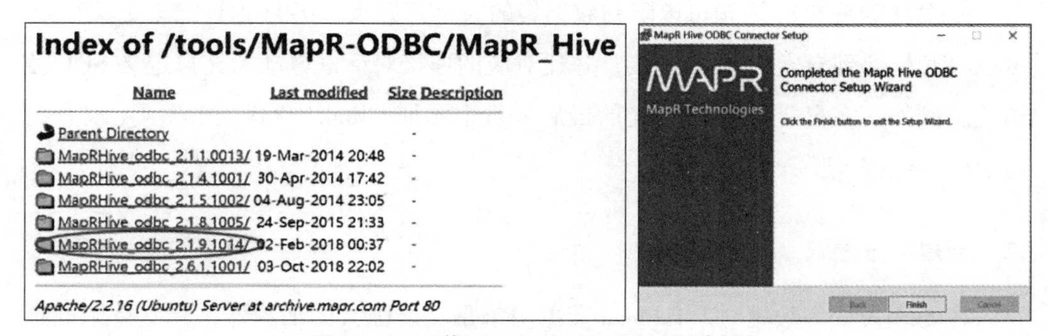

图 11-11 下载 MapR HadoopHive 驱动程序

安装下载的驱动程序,安装过程比较简单,这里不再介绍。

检查系统是否可以正常连接 MapR HadoopHive 大数据集群,前提是连接前需要正常启动集群,如图 11-12 所示。单击"Test"按钮,如果测试结果中出现"SUCCESS"即可以正常连接。

测试成功后就可以在 Tableau 中连接 MapR HadoopHive 大数据集群了。下面将介绍具体的连接过程。

在开始页面的“连接”窗格中单击“MapR HadoopHive”选项，然后执行以下操作。

在对话框中输入服务器的 IP 地址和服务器登录信息,包括“类型”“身份验证”“传输类型”“用户名”和“密码”等。单击“登录”按钮，后续操作与连接 Cloudera Hadoop 的操作基本一致，这里不再详细介绍。

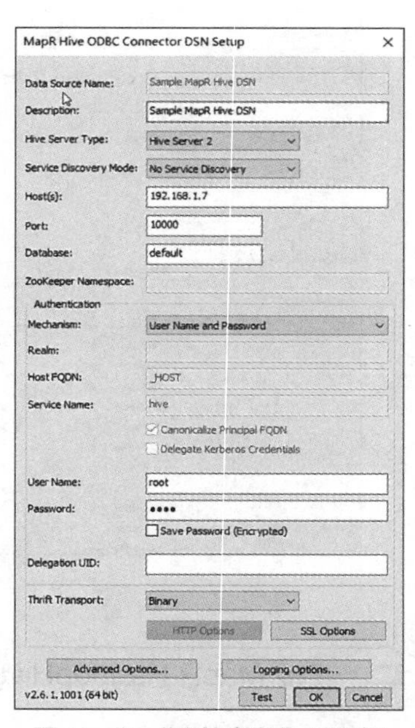

图 11–12　“连接参数”对话框

第四节　优化连接性能

一、自定义 SQL 语句

自定义 SQL 语句允许用户使用复杂的 SQL 表达式作为 Tableau 中进行数据连接的基础。在自定义 SQL 语句中使用 LIMIT 子句可以减少数据集，以提高浏览新数据集和建立视图的效率，稍后可以移除此 LIMIT 子句以支持对整个数据集的实时查询。

使用自定义 SQL 语句可以限制数据集的大小。如果连接的是单个表或多个表，可以将其切换到自定义 SQL 连接，并让对应的连接对话框自动填充自定义 SQL 表达式。例如，在自定义 SQL 语句的最后一行中添加“limit 1000”可以限定仅查询前 1000 条数据记录。

二、创建数据提取

在处理大量的数据时，Tableau 数据引擎是功能强大的加速器，其支持以低延迟的方式进行临时分析。尽管 Tableau 数据引擎不是针对 Hadoop 所具有的相同标度构建的，不过它能够处理多个字段和数亿行的大数据集，如图 11–13 所示。

在 Tableau 中创建数据提取能够将海量数据压缩为小很多的数据集，从而提高数据分析效率。在创建数据提取时，用户需要在“提取数据”对话框中聚合可视维度的数据、添加筛选器，隐藏所有未使用的字段。

（1）聚合可视维度的数据。创建将数据预先聚合到粗粒度视图中的数据提取。尽管 Hadoop 非常适合存储各个细粒度数据目标点，不过更广泛的数据视图可实

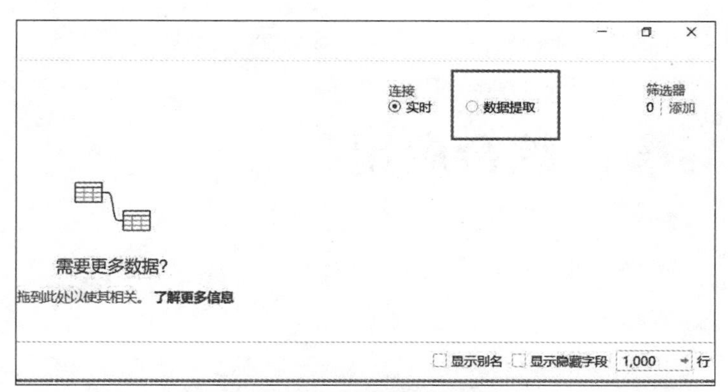

图 11-13 Tableau 数据提取

现大致相同的深入分析，且计算开销小得多。例如，使用“将日期汇总至”功能。Hadoop 日期 / 时间数据是细粒度数据的特定示例，如果将其汇总到粗粒度的时间表中，则这些数据将能更好地发挥作用，如跟踪每小时的事件等。

（2）添加筛选器。单击“确定”按钮创建一个“筛选器”以保留感兴趣的数据，如处理存档数据等，不过它只对最近的记录“感兴趣”。

（3）隐藏所有未使用的字段。忽略 Tableau“数据”窗格中已隐藏的字段，以使数据提取紧凑、简洁。

上机操作题

（1）下载并安装 Cloudera Hive 驱动程序，并尝试连接 Hadoop 集群。

（2）下载并安装 MapR Hive 驱动程序，并尝试连接 Hadoop 集群。

（3）尝试自定义 Tableau 连接 Hadoop 集群的初始化 SQL 语句。

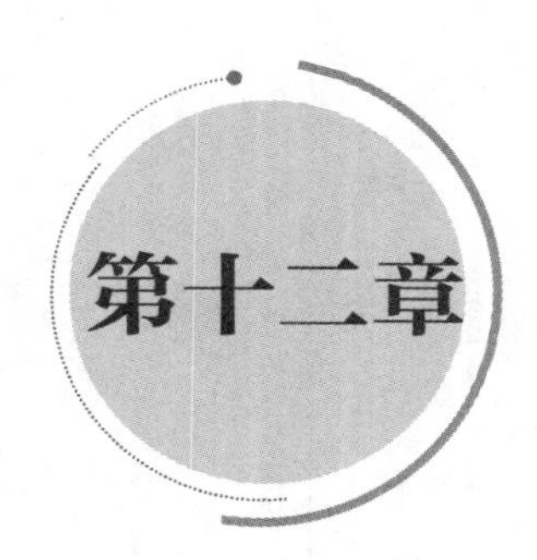

第十二章 综合应用

案例一：基于 Python 的上市公司大数据采集与经营分析

项目背景：中国快速的经济发展使国内企业的发展走向了多元化，也使传统的财务会计越来越不能满足企业自身的发展需要，在这信息大爆炸的时代，获得及时的市场信息对企业经营方向的决策显得尤为重要。

现代企业经营已不再是单纯地做好内部管理，还强调对相关信息的内部分析和外部分析。内部分析的信息来源是财务报表，外部分析的信息来源则是企业外部的各种资源。在实际操作中，信息的繁杂性促进了财务共享中心的建设，因此，人们设计了将大数据爬取技术与财务相结合的方法，其可以自动地获取外部信息，结合内部信息进行整理分析，提升会计信息的质量，保证其及时性与有效性，有效提升企业的竞争力，符合现代企业所倡导的经营理念。

本案例将数据挖掘与财务分析中的经营分析相结合，通过收集、存储数据，并对这些数据进行筛选、分析，最终挖掘出有价值的信息，让使用者能够更及时、准确地获得这些信息，进而做出顺应时势的经营决策，最终提高企业的市场竞争能力。

案例二：基于 Python 的上市公司财务报表分析与可视化

项目背景：财务报表分析是企业管理决策时必不可少的环节，财务报表作为“商业语言”的载体，全面、系统、综合地记录了企业的经济业务，是企业一定时期经济成果的总结。财务指标分析不仅是影响企业发展的重要因素，也是公司股东或投资者所重视的一点，它可以为投资者的合理投资决策和债权人的信贷决策提供科学依据。以可视化图表的形式展现财务报表有助于企业管理者提高分析效率，使决策结果更准确、全面。

本案例选用适当的数据模型和统计分析方法对收集到的企业财务报表数据进行可视化分析，将之转化成可视化图表，清晰、准确地形成结论报告。因此，其不但能辅助企业管理者了解运营状况、找到发展症结，还可以帮助投资者挖掘企业财务报表中易被忽视的关键信息，做出更准确的决策。

参 考 文 献

[1] 美智讯 . Tableau 商业分析一点通 [M]. 北京：电子工业出版社，2018.

[2] 王国平 . Tableau 数据分析与可视化：微课版 [M]. 北京：人民邮电出版社，2021.

[3] 喜乐君 . 数据分析可视化分析：Tableau 原理与实践 [M]. 北京：电子工业出版社，2020.

[4] 沈恩亚 . 大数据可视化技术及应用 [J]. 科技导报，2020，38（3）：68–83.

[5] 小明学数据 . 数据分析基础——4.1 数据抽样 [EB/OL].（2018–06–16）[2018–06–16]. https://zhuanlan. zhihu.com/p/38145497.

[6] 陈红波，刘顺祥 . 数据分析从入门到进阶 [M]. 北京：机械工业出版社，2019.

[7] 三木 spring. 从零开始 Tableau | [EB/OL].（2018–09–01）[2018–09–01].https://blog.csdn.net/springyang2015/article/detals/82286445.

[8] 美智讯 . Tableau 商业分析从新手到高手 [M]. 北京：电子工业出版社，2018.

教师服务

感谢您选用清华大学出版社的教材！为了更好地服务教学，我们为授课教师提供本书的教学辅助资源，以及本学科重点教材信息。请您扫码获取。

教辅获取

本书教辅资源，授课教师扫码获取

样书赠送

管理科学与工程类重点教材，教师扫码获取样书

清华大学出版社

E-mail: tupfuwu@163.com
电话：010-83470332 / 83470142
地址：北京市海淀区双清路学研大厦 B 座 509

网址：http://www.tup.com.cn/
传真：8610-83470107
邮编：100084